ARCHIV FÜR TIERERNÄHRUNG

UNTER MITWIRKUNG VON

Prof. Dr. A. Hock, Berlin. Prof. Dr. Dr. W. Lenkeit, Göttingen

Prof. Dr. Dr. h. c. K. Nehring, Rostock. Prof. Dr. Dr. Dr. h. c. W. Wöhlbier, Stuttgart-Hohenheim

HERAUSGEGEBEN VON

ERNST MANGOLD

Prof. Dr. med. Dr. phil. Dr. med. vet. h. c. Dr. agr. h. c. Dr. agr. h. c.

Direktor em. des Instituts für Tierernährungslehre der Humboldt-Universität Berlin

11. BAND

Ausgegeben am 1. JUNI 1961

HEFT

3

AKADEMIE-VERLAG · BERLIN

ARCH. TIERERNÄHRUNG · 11. BAND NR. 3 · S. 157–232 · BERLIN · 1. JUNI 1961

INHALT

Das Archiv für Tierernährung erscheint zweimonatlich in Heften zu 80 Seiten im Format 17,5 × 25 cm unbeschnitten. Der Preis des Heftes beträgt DM 8,50. 6 Hefte werden zu einem Band vereinigt. Der Besteller muß sich zur Abnahme eines Bandes verpflichten. Die Hefte werden jeweils einzeln berechnet. Im Jahre erscheint nicht mehr als 1 Band. Bestellungen werden direkt an den Akademie-Verlag GmbH, Berlin W 8, Leipziger Straße 3–4, oder über eine wissenschaftliche Buchhandlung erbeten.

Manuskriptsendungen — zugelassen sind die vier Kongreßsprachen — sind an den Herausgeber, Herrn Prof. Dr. Ernst Mangold, Berlin N 4, Invalidenstr. 42, zu richten. Mit der Veröffentlichung geht das alleinige Verlagsrecht an das Archiv für Tierernährung über. Daher müssen Arbeiten, die bereits an anderer Stelle veröffentlicht worden sind, zurückgewiesen werden. Die Verfasser verpflichten sich, Manuskripte, die vom Archiv für Tierernährung angenommen worden sind, nicht an anderer Stelle zu veröffentlichen.
Die Verfasser erhalten von größeren wissenschaftlichen Arbeiten 50 Sonderdrucke unentgeltlich. Den Manuskripten beiliegende Zeichnungen müssen sauber, in zweifacher Größe ausgeführt sein. Wenn sie nicht voll reproduktionsfähig nach den Vorschriften des Normblattes DIN 474 eingereicht werden, ist die Beschriftung nur mit Bleistift einzutragen. Zur Herstellung von Netzätzungen sind nur einwandfreie Photographien brauchbar.

Für alle Literaturzitate sind die Vorschriften des Normblattes DIN 1502 und 1502 Beiblatt I maßgebend. Die Zitate müssen den Verfasser (mit den Anfangsbuchstaben der Vornamen), den vollständigen Titel der Arbeit und die Quelle mit Band, Seitenzahl und Erscheinungsjahr enthalten. Das Literaturverzeichnis soll alphabetisch geordnet sein.

Herausgeber und verantwortlich für den Inhalt: Prof. Dr. med. Dr. phil. Dr. med. vet. h. c. Dr. agr. h. c. Dr. agr. h. c. Ernst Mangold, Berlin N4, Invalidenstraße 42 (Fernruf 42 00 18). Verlag: Akademie-Verlag GmbH, Berlin W 8, Leipziger Str. 3-4 (Fernruf 22 04 41; Telex-Nr. 011 773; Postscheckk. Berlin: 350 21). Bestell-Nr. d. Heftes: 1010/XI/3. Das Archiv für Tierernährung erscheint jährlich in 1 Band zu 6 Heften. Bezugspreis je Einzelheft DM 8,50 ausschließlich Porto und Verpackung. Satz und Druck: Robert Noske, Borna (Bez. Leipzig). Veröffentlicht unter der Lizenznummer ZLN 5003 des Ministeriums für Kultur. Printed in Germany.

Aus dem Oskar Kellner-Institut für Tierernährung Rostock
(Direktor: Prof. Dr. Dr. h. c. K. NEHRING)

K. NEHRING, R. SCHIEMANN und *L. HOFFMANN*

Die Verwertung der Futterenergie in Abhängigkeit vom Ernährungsniveau

3. *Mitteilung*

Versuche mit Ochsen und Hammeln

In den ersten beiden Mitteilungen wurde über umfangreiche Gesamtstoffwechselversuche mit Kaninchen ud Ratten [5] sowie mit Schweinen [6] berichtet, die hauptsächlich zur Klärung der Frage durchgeführt wurden, ob im Bereich der Fettmast ausgewachsener Tiere bei einer vollwertigen Ration die Beziehung zwischen Energiezufuhr (umsetzbare Energie) und Leistung (Nettoenergie) linear ist. Als wichtigstes Ergebnis dieser Untersuchungen konnte herausgestellt werden, daß diese Beziehung bei allen drei monogastrischen Tierarten bei guter Anpassung der Einzelmeßwerte eine Gerade ergibt, daß also die vom Tier über den Erhaltungsbedarf aufgenommene Energie in Abhängigkeit von der Tierart jeweils zu einem gleichbleibenden Prozentsatz für den Ansatz von Körpersubstanz, vornehmlich Körperfett, verwertet wird. Auf Grund des großen Umfangs des experimentellen Materials konnte dieses Ergebnis bei allen drei Tierarten biostatistisch gesichert werden. Als Nebenproblem wurde in den Versuchen mit Schweinen das energetische Leistungsvermögen von Gerste zu 2626 kcal/kg Trockensubstanz bei einer Verwertung der umsetzbaren Energie von 77,3% $\pm$0,91 bestimmt.

Wegen der Bedeutung dieser Frage im Hinblick auf die Anwendbarkeit des Differenzverfahrens zur Bestimmung des energetischen Leistungsvermögens von Futterstoffen wurden die Untersuchungen zum Proportionalitätsproblem auch auf die beiden wichtigsten Wiederkäuerarten, auf Rinder und Schafe ausgedehnt. Etwa analog den Versuchen mit Schweinen erfolgte die Versuchsanlage derart, daß als Nebenproblem das energetische Leistungsvermögen von Gerste mit möglichst hoher Sicherung bestimmt werden sollte.

Bezüglich der bisher vorliegenden Ergebnisse aus früheren Publikationen wird auf die erste Mitteilung [5] verwiesen, in der die zum Verwertungsproblem in Abhängigkeit vom Ernährungsniveau veröffentlichten Arbeiten einer kritischen Analyse unterzogen worden sind, die den Hinweis ergaben, daß im Bereich der Fettmast ausgewachsener Tiere eine lineare Beziehung zwischen Futtermenge und produktiver Wirkung besteht, ohne daß jedoch eine völlig eindeutige Aussage zu diesem Problem wegen des unzureichenden Umfangs der früheren Versuche gemacht werden konnte.

Die *Versuche mit Ochsen* (Schwarzbuntes Niederungsvieh) wurden mit 6 Tieren begonnen und waren so geplant, daß zu einer gemischten Grundfutterration Gerste in steigenden Gaben bis zu 4 kg zugelegt werden und nach jeder Zulageperiode eine Grundfutterperiode folgen sollte. Dieser Versuchsplan mußte jedoch aufgegeben werden, da bereits in der Zulageperiode mit 3 kg Gerste Schwierigkeiten im Aufnahmevermögen und bei einigen Tieren starke Pansenblähungen auftraten. Ferner zeigte sich, daß sich innerhalb der Versuchsserie bei einigen Tieren plötzliche Veränderungen des Erhaltungsstoffwechsels ergaben, wie wir es früher [5] bei Ratten und Kaninchen beobachten konnten, und daß demzufolge eine korrelative Auswertung der Versuchsreihe nicht möglich war. Die Auswertung dieser Versuchsreihe erfolgte im einfachen Differenzverfahren zur Ableitung des energetischen Leistungsvermögens der Gerste.

In der anschließenden Versuchsreihe II wurde an 8 Ochsen eine gemischte Ration in wechselnder Höhe von 6 bis 9 kg Trockensubstanz in 5 Perioden unter Wiederholung der 6 kg-Periode gefüttert. Auch in dieser Versuchsreihe traten bei 2 Tieren (Ochsen 1 und 3) sprunghafte Veränderungen des Erhaltungsstoffwechsels auf, so daß diese beiden Tiere bei der korrelativen Auswertung der Versuchsreihe ausgeschaltet werden mußten *).

Die Versuche an Hammeln (Merinofleischschafe) wurden mit 4 × 2 Tieren durchgeführt. Zu einer Grundration von 800 g Wiesenheu bzw. 800 g Wiesenheu + 100 g Gerste wurde Gerste in steigenden Gaben zugelegt. Die erreichte Zulagenhöhe war unterschiedlich und betrug maximal 700 g Gerste. Bei 2 Tieren mußte die Versuchsreihe vorzeitig (nach 3 Perioden) wegen ungenügenden Futterverzehrs abgebrochen werden, so daß eine Auswertung dieser Versuche zum Proportionalitätsproblem nicht erfolgen konnte.

I. Methodischer Teil

1. Methodik der Versuchsdurchführung

1.1 Periodendauer

Die Vorfütterungsperioden, in denen die Ochsen in den früher beschriebenen [8] Stoffwechselständen und die Hammel in Einzelbuchten gehalten wurden, dauerten bei Ochsen 18 und bei Hammeln 14 Tage (der genaue Zeitplan der Versuche kann dem *Zahlenanhang* entnommen werden). Während der Hauptperiode, die bei Ochsen 17 und bei Hammeln 14 Tage dauerte, kamen die Ochsen zur Gaswechselmessung an 3 × 2 Tagen und die Hammel an 2 × 3 Tagen in die Respirationskammern. Während der übrigen Zeit standen die Ochsen in Stoffwechselständen und die Hammel in gewöhnlichen Stoffwechselkästen. (Bei den verwendeten aus Holz gefertigten Stoffwechselkästen hat sich die Auskleidung mit weichem PVC [Polyvinylchlorid] sehr gut bewährt.)

*) Es sei aber bereits hier darauf hingewiesen, daß die an diesen beiden Tieren erhaltenen Ergebnisse nicht gegen eine lineare Beziehung zwischen umsetzbarer Energie und Energiebilanz sprechen; die Meßergebnisse sind wegen der Stoffwecheländerung durch einen geschlossenen Kurvenverlauf nicht darstellbar.

1.2 Futterration, Futterzubereitung und Fütterung

In Versuchsreihe I erhielten die Ochsen folgende Grundfutterration:

3 kg Wiesenheu, künstlich getrocknet
2 kg Kleeheu, künstlich getrocknet
1 kg Trockenschnitzel
1 kg Kraftfuttermischung (50% Gerste, 25% Sojaextraktionsschrot und 25% Erdnußextraktionsschrot)
40 g Kochsalz.

Die Ration in Versuchsreihe II hatte die gleiche Zusammensetzung.

Die Schafe erhielten als Grundfutterration 800 g künstlich getrocknetes Wiesenheu zuzüglich 6 g Kochsalz. Die zugelegte Gerste wurde an die Hammel in Körnerform verfüttert, während an die Ochsen die Gerste geschrotet verabreicht wurde. Die Trockenschnitzel wurden vor der Verfütterung 12 Stunden eingeweicht.

Die Rationen wurden für wenigstens eine Periode an einem Tage nach dem Gehalt an Trockensubstanz mit einer Genauigkeit von ± 2 g eingewogen, um Futterverzehrkorrekturen weitgehend auszuschalten. Kleine Differenzen in den Verzehrmengen ergeben sich durch Futterrückstände. Die genauen Angaben über die Verzehrmengen in den einzelnen Perioden können dem *Zahlenanhang* entnommen werden.

Die Fütterung erfolgte 2 mal täglich um 8^{00} und 16^{00} Uhr. Die Ochsen erhielten zunächst die Kraftfutterstoffe und anschließend die Rauhfutterstoffe, während bei den Hammeln die Gerste dem Heu untergemischt wurde. Wasseraufnahme war bei beiden Tierarten ad libitum unter Feststellung der aufgenommenen Wassermenge.

1.3 Sammlung und Aufarbeitung von Kot und Harn

Bei den ersten orientierenden Versuchen mit Ochsen haben wir zunächst zur quantitativen Sammlung von Kot und Harn wie allgemein üblich mit Kotschürzen und Harntrichtern gearbeitet. Dieses Arbeiten mit Geschirren erfordert einen nicht unerheblichen Arbeitsaufwand und eine erhöhte Wartung der Versuchstiere. Die Prüfung der Möglichkeit des Arbeitens ohne Stoffwechselgeschirre bei gleicher Genauigkeit der Kot- und Harnsammlung hat ergeben, daß dies bei entsprechender Standausbildung erreicht werden konnte, indem Stoffwechselstand und Respirationskammer mit Kot- und Harnrosten versehen wurden. Nach Gewöhnung der Tiere an den Stand, der bereits früher [8] von uns beschrieben wurde, sind Harnverluste praktisch nicht vorhanden und die sog. „Waschkotmengen" nach Säuberung des Stoffwechselstandes am Schluß der Versuchsperiode betragen auf Trockensubstanz bezogen 1–2% der Gesamtkotausscheidungen, liegen also nicht höher als beim Arbeiten mit Kotschürzen. – Bei den Hammeln arbeiten wir mit Kotbeuteln; der Harn wird aus der Respirationskammer nach außen in einen Behälter abgeleitet.

Kot und Harn wurden täglich einmal quantitativ den Sammelgefäßen entnommen, mit einer Genauigkeit von ± 10 g ausgewogen und nach anschließender gründlicher Durchmischung bei Ochsen 3% und bei Hammeln 10% für eine

Sammelprobe mit einer Genauigkeit von ± 1 g abgewogen. Die Sammelproben wurden in einem Kühlraum bei + 3° ± 2° C aufbewahrt. Die weitere Aufarbeitung und Analyse von Kot und Harn erfolgte in der gleichen Weise, wie es für die Versuche mit Schweinen in der 2. Mitteilung [6] beschrieben ist. Im *Zahlenanhang* sind die aus den analytischen Untersuchungen erhaltenen Einnahmegrößen, getrennt nach Grundfutter und Zulage, sowie die Ausscheidungsgrößen an Kot und Harn zusammengestellt.

1.4 Respirationsapparate und die Gaswechselmessung

Für die Versuche mit Ochsen standen 4 und für die Hammelversuche 2 Respirationsapparate zur Verfügung. Über den Aufbau, die Funktionsweise und die Genauigkeit der Apparaturen ist früher [7] berichtet worden, worauf verwiesen wird. Ergänzend sei noch mitgeteilt, daß die Eingewöhnung der Hammel in die Respirationskammern zunächst erhebliche Schwierigkeiten bereitete, daß diese Schwierigkeiten aber schlagartig behoben wurden, als in die beiden Kammern ein Mittelfenster eingebaut wurde, so daß sich die Tiere gegenseitig sehen konnten.

Wie erwähnt kamen die Ochsen an 3 × 2 Tagen und die Hammel an 2 × 3 Tagen je Periode in die Respirationskammern. Die Gaswechselgrößen stellen demzufolge den Mittelwert von 6 Tagen dar; sie sind im Zahlenanhang mit der Mittelwertstreuung angegeben.

Zusammengefaßt ergibt sich folgende Verteilung der Streuungen um den jeweiligen Mittelwert der Gaswechselgrößen (Ochsen: 52 und Hammel: 35 Stoffwechselperioden):

Streuung %	CO_2 % der Versuche		O_2 % der Versuche		Streuung %	CH_4 % der Versuche	
	Ochsen	Hammel	Ochsen	Hammel		Ochsen	Hammel
0 —0,5	17	6	10	—	0 —1,0	15	11
0,6—1,0	56	46	46	40	1,1—2,0	19	35
1,1—1,5	23	40	31	40	2,1—3,0	23	23
1,5—2,0	4	3	11	11	3,1—4,0	13	17
über 2,0	—	5	2	9	4,1—5,0	13	9
					über 5,0	15	5

Demnach liegen die Streuungen der Gaswechselgrößen für CO_2 und O_2 bei den Hammeln höher als bei den Ochsen. Insgesamt gesehen ist die gemeinsame Übereinstimmung in den täglichen Gaswechselgrößen für CO_2 und O_2 zufriedenstellend, da für CO_2 nur 5% der Hammelversuche und für O_2 nur 2% der Ochsenversuche und 9% der Hammelversuche die Streuung von 2% überschreiten, wobei darauf hinzuweisen ist, daß die höheren Streuungen biologisch und nicht apparativ bedingt sind; denn der Fehler der Gasmengenmessung liegt unter ± 1% und die Gasanalysegenauigkeit liegt für CO_2 bei ± 0,003%, für O_2 bei ± 0,004% und für CH_4 bei ± 0,002%. Bei den Methanausscheidungen der Tiere sind die täglichen Variationen größer. 15% der Ochsenversuche und 5%

der Hammelversuche überschreiten eine Streuung von 5%. Da größenordnungsmäßig der Energiegehalt des ausgeschiedenen Methans bei Ochsen 2500 kcal und bei Hammeln 250 kcal beträgt, bringt eine Streuung von 5% eine Unsicherheit von 125 kcal bei Ochsen und von 12,5 kcal bei Hammeln in die energetische Bilanz.

Während der gesamten Versuchsreihen wurde in den Respirationskammern eine Temperatur von 18° ± 1° C und eine relative Luftfeuchte von 70–90% eingehalten.

1.5 Die Gewichtsbestimmung und die Kontrolle der Aktivität der Tiere

Die Tiere wurden jeweils zu Beginn und nach Abschluß der Respirationsversuche mit einer Genauigkeit von 1 kg bei Ochsen und 0,1 kg bei Hammeln gewogen, so daß die im Zahlenanhang mitgeteilten Lebendgewichte das Mittel aus jeweils 6 Wägungen bei Ochsen bzw. 4 Wägungen bei Hammeln darstellen. Die Respirationsversuche waren gleichmäßig über die Stoffwechselperiode verteilt.

Eine systematische Kontrolle der Aktivität der Tiere wurde nicht vorgenommen, sondern es wurden nur allgemeine visuelle Beobachtungen gemacht. Nach ausreichender Eingewöhnung der Tiere in die Versuchsbedingungen konnte keine besondere Unruhe der Tiere bemerkt werden, so daß ein systematischer Einfluß auf die Energiebilanz durch Aktivitätsänderungen nicht zu befürchten ist. In der letzten Versuchsperiode mit Ochsen wurden die Stand- und Liegezeiten nach Einbau entsprechender Lichtstrecken registriert. Das Material ist jedoch noch zu gering, um quantitative Aussagen über den Einfluß der Häufigkeit des Standwechsels und der Liegezeiten auf den Energiewechsel ableiten zu können.

2. Methodik der Versuchsauswertung

2.1 Faktoren der Bilanzaufrechnung und die Berechnung der Wärmeproduktion

Für die Bilanzaufrechnung wurden die gleichen Faktoren angewendet, wie sie in der 1. Mitteilung [5] angegeben sind. Die Umrechnung auf g C aus Liter CH_4 wurde mit dem Faktor 0,5366 vorgenommen. Die Gesamtwärmeproduktion wurde nach folgender von L. HOFFMANN [2] abgeleiteten Gleichung errechnet:

$$Q = 1.250 \cdot l\,CO_2 + 3{,}841 \cdot l\,O_2 - 0{,}573 \cdot l\,CH_4 - 1.257 \cdot g\,N_H$$

(N_H bedeutet die im Harn ausgeschiedene Gesamt-N-Menge).

2.2 Die Bilanzkontrolle über das Gesetz der Erhaltung der Energie

Da in allen Stoffwechselperioden auch der Sauerstoffverbrauch der Tiere gemessen wurde, besteht die Möglichkeit, neben der energetisch ausgedrückten stofflichen Bilanz die energetische Bilanz durch Errechnen der Wärmeproduktion zu ermitteln. Analog den in der 2. Mitteilung [6] angegebenen Messungen an Schweinen traten auch bei den Versuchen an Ochsen und Hammeln systematische Abweichungen zwischen der energetisch ausgedrückten stofflichen Bilanz und der energetischen Bilanz in der Richtung auf, daß letztere niedrigere Werte ergibt. Dies ist aus der folgenden Übersicht zu entnehmen:

Tabelle 1. *Mittelwerte der Abweichungen zwischen der energetisch ausgedrückten stofflichen und der energetischen Bilanz sowie die Verteilung der Abweichungen um den Mittelwert*
(bezogen auf 30 000 kcal Einnahme bei Ochsen und 4000 kcal bei Hammeln)

Tierart	Mittel der Abweichung %	Verteilung der Abweichungen um den Mittelwert absolut und relativ		
		0—1,0 %	1,1—2,0 %	> 2 %
Ochsen	—1,8 ± 0,83	43 83 %	9 17 %	— —
Hammel	—2,1 ± 1,32	27 77 %	5 14 %	3 9 %

Wie bereits in der 2. Mitteilung [6] erläutert, konnte die Ursache für diese Abweichungen bisher nicht geklärt werden. Im Hinblick auf die Differenzauswertung und die korrelative Auswertung des Materials beeinträchtigt diese Abweichung jedoch nicht die Ergebnisse, da 87% aller Versuche bei Ochsen und 77% der Versuche bei Hammeln innerhalb von ± 1% um den jeweiligen Mittelwert streuen und nur 3 Einzelversuche bei Hammeln den Streuungsbereich von 2% überschreiten. Da aus dem Versuchsmaterial nicht entschieden werden kann, welche der beiden Bilanzen den kleineren Fehler enthält oder die absolut richtigeren Werte ergibt, wird in Anlehnung an die Versuche mit Kleintieren [5] und Schweinen [6] die Auswertung des gesamten Materials über die energetisch ausgedrückte stoffliche Bilanz einheitlich vorgenommen, die im folgenden kurz als „Energiebilanz" bezeichnet wird.

2.3 Die Lebendgewichtskorrekturen

Da die Höhe des Erhaltungsstoffwechsels der Tiere vom Lebendgewicht abhängig ist, ergibt sich bei einer Differenzauswertung zur Bestimmung des energetischen Leistungsvermögens von Futterstoffen bzw. bei der korrelativen Auswertung der Versuchsreihen zur Klärung der Abhängigkeit zwischen der Höhe der Futtergabe und der Leistung im Organismus die Notwendigkeit, die Energiebilanzen auf das jeweilige mittlere Lebendgewicht der Tiere in der Versuchsreihe zu korrigieren. Bei den Versuchen an Schweinen [6] wurde auf Grund der relativ hohen Gewichtsänderungen der Tiere innerhalb der Versuchsreihen eine individuelle Lebendgewichtskorrektur abgeleitet. Bei den Wiederkäuern erscheint ein solches Vorgehen nicht sinnvoll, da die relativen Veränderungen des Lebendgewichtes erheblich niedriger liegen und die Ableitung einer individuellen Lebendgewichtskorrektur zu nicht gesicherten Zufallswerten führen kann.

Für die Ableitung einer Lebendgewichtskorrektur kann die Versuchsreihe I mit Ochsen wegen der aufgetretenen Stoffwechseländerungen (s. S. 176) nicht herangezogen werden. Es wurde daher aus sämtlichen Perioden (n = 30) der Versuchsserie II für die Ochsen auf mehrfachkorrelativem Wege (umsetzbare Energie, Nettoenergie, Lebendgewicht) eine mittlere Lebendgewichtskorrektur errechnet, die sich zu — 13,19 kcal/kg Lebendgewichtszuwachs ergibt. Die Energiebilanzen sind daher einheitlich mit 13 kcal/kg Lebendgewichtsänderung auf das jeweilige durchschnittliche Lebendgewicht korrigiert.

Bei den Schafen wurde wegen der unterschiedlichen Partien Wiesenheu in der Ration für die Tiere 1, 2, 5, 6 und die Tiere 7, 8 die Lebendgewichtskorrektur getrennt mehrfachkorrelativ errechnet und das gewogene Mittel (n = 25 + 10) gebildet. Dabei ergibt sich ein Korrekturwert von — 5 kcal/kg Lebendgewichtszuwachs, der zur Korrektur der Energiebilanzen auf das jeweilige Durchschnittsgewicht der Tiere Anwendung fand.

II. Experimenteller Teil

1. Zusammenstellung der auswertbaren Versuche

1.1 Versuche mit Ochsen

1.11 Versuchsreihe I (Gerstenzulage); n = 22

Tier-Nr.:	1	2	3	4	5	7*)
Fütterung	Versuchsnummern					
Grundfutter + 2 kg Gerste	R 7	R 8	R 9	R 10	R 11	
Grundfutter	R 13	R 14	R 15	R 16	R 17	
Grundfutter + 3 kg Gerste	R 19	R 20	R 21	R 22	R 23	R 24
Grundfutter	R 25	R 26	R 27	R 28	R 29	R 30

*) Tier 6 fiel wegen Erkrankung nach der ersten Periode aus.

1.12 Versuchsreihe II (verschiedene Gaben einer gemischten Ration); n = 30

Tier-Nr.:	2	4	5	7	8	9
Rationshöhe	Versuchsnummern					
7,040 kg	R 48	R 50	R 51	R 52	R 53	R 54
6,040 kg	R 56	R 58	R 59	R 60	R 61	R 62
9,040 kg	R 64	R 66	R 67	R 68	R 69	R 70
8,040 kg	R 72	R 74	R 75	R 76	R 77	R 78
6,040 kg	R 80	R 82	R 83	R 84	R 85	R 86 *)

*) Tier 9 erhielt in der letzten Periode (R 86) wegen seines hohen Erhaltungsstoffwechsels 7,040 kg der gemischten Ration.

1.2 Versuche mit Hammeln; n = 35

Tier-Nr.:	1	2	5	6	7	8
Fütterung	Versuchsnummern					
800 g Wiesenheu	H 19	H 20			H 45, H 49	H 46, H 50
+ 100 g Gerste			H 39	H 40		
+ 200 g Gerste	H 5, H 15	H 6, H 16	H 31	H 32	H 37	H 38
+ 300 g Gerste	H 27		H 29	H 30		
+ 400 g Gerste	H 23		H 25	H 26	H 33	H 34
+ 450 g Gerste	H 1	H 2				
+ 500 g Gerste				H 36		
+ 600 g Gerste	H 11	H 12	H 43	H 44	H 41	H 42
+ 700 g Gerste	H 9	H 10				

2. *Zusammensetzung und Verdaulichkeit*

2.1 Zusammensetzung und Verdaulichkeit der Rationen

In Versuchsreihe I mit Ochsen bestand das Grundfutter und in Versuchsreihe II die gesamte Ration zu

43% aus Wiesenheu, künstlich getrocknet
29% aus Kleeheu, künstlich getrocknet
14% aus Trockenschnitzel
14% aus Kraftfuttermischung (2 Teile Gerstenschrot, je 1 Teil Soja- und Erdnußextraktionsschrot).

Unabhängig von der Höhe der Futtergabe wurden jeder Ration 40 g Kochsalz zugegeben.

Die Rauhfutterstoffe wurden aus einer einheitlichen Partie vom Trockenwerk des Instituts für Tierzucht der DAL Rostock-Dummerstorf für jeweils ein Futterjahr bezogen und im Institut eingelagert. Damit sollte erreicht werden, daß das innerhalb einer Versuchsreihe verfütterte Rauhfutter eine gleichmäßige Zusammensetzung aufweist. Zur Beurteilung der Einheitlichkeit der während der Versuchsreihen verfütterten 4 Partien der Rauhfutterstoffe sind in der folgenden Übersicht (Tab. 2) die Analysendaten von jeweils 3 zufällig ausgewählten Proben der einzelnen Partien zusammengestellt:

Tabelle 2. *Die Zusammensetzung der verfütterten Rauhfutterstoffe*

Futtermittel		Datum der Probenahme	Org. Subst. %	Rohprotein %	Rohfett %	Rohfaser %	NFE %	C %	cal/g
Wiesenheu	1.1	8. 11. 57	92,25	14,98	4,04	31,76	41,47	45,96	4516
„	1.8	2. 4. 58	92,33	15,25	3,65	29,10	44,33	45,96	4513
„	1.13	15. 10. 58	91,77	15,31	3,54	31,78	41,14	45,66	4472
Kleeheu	1.1	8. 11. 57	92,01	13,51	2,27	31,93	44,30	45,01	4351
„	1.4	10. 1. 58	91,95	13,71	2,36	30,48	45,40	44,86	4348
„	1.10	20. 5. 58	91,97	13,41	2,27	31,77	44,52	45,21	4364
Wiesenheu	2.1	22. 8. 58	90,18	13,71	3,64	32,24	40,59	44,92	4359
„	2.13	19. 2. 59	91,80	12,59	3,65	33,24	42,32	44,86	4384
„	2.22	8. 6. 59	90,93	13,21	3,81	33,60	40,39	44,83	4427
Kleeheu	2.1	29. 8. 58	88,16	18,07	4,57	24,67	40,85	43,84	4245
„	2.8	12. 12. 58	89,23	18,06	2,85	25,15	43,17	44,06	4260
„	2.18	18. 6. 59	87,90	19,46	2,97	23,37	42,10	43,72	4251

Wenn auch im einzelnen Unterschiede in der Zusammensetzung der einzelnen Proben der Partie vorhanden sind, die die analytischen Fehler übersteigen, so ist jedoch insgesamt gesehen die Übereinstimmung für Rauhfutterstoffe als völlig zufriedenstellend zu betrachten, so daß von dieser Seite keine Einwände gegen die Anwendung der Differenzauswertung bzw. der korrelativen Auswertung des Versuchsmaterials erhoben werden können. Es wird daher, um den Umfang der Arbeit nicht zu weit auszudehnen, im folgenden nur die mittlere Zusammensetzung der Rationen angeführt. Die Einnahmen in den einzelnen Perioden können dem *Zahlenanhang* entnommen werden.

Tabelle 3. *Zusammensetzung und Verdaulichkeit der Grundfutterrationen der Versuchsreihe I an Ochsen*

	Organ. Substanz %	Roh-protein %	Roh-fett %	Roh-faser %	NFE %	C %	Q
	Zusammensetzung						
Grundfutter .	92,61	16,30	2,82	26,59	46,90	45,50	4435 cal/g
	Verdaulichkeit						
Tier 1 . . .	73,8 ± 0,30	67,0	61,1	69,4	79,4	71,1	70,1 %
Tier 2 . . .	74,6 ± 0,20	69,0	60,7	70,9	79,6	72,1	71,2 %
Tier 3 . . .	73,2 ± 0,70	68,5	59,1	68,2	78,6	70,5	69,6 %
Tier 4 . . .	72,3 ± 0,35	67,7	57,7	66,8	77,8	69,6	68,8 %
Tier 5 . . .	74,5 ± 0,55	69,5	57,6	71,4	79,0	71,9	70,9 %
Tier 7 . . .	74,0	68,5	57,1	71,5	78,2	71,3	70,4 %
im Mittel . .	73,7 ± 0,35	68,4	58,9	69,7	78,8	71,1	70,2 %

Die Übereinstimmung der Verdaulichkeit in der Grundfutterration ist sowohl bei den Einzeltieren als auch zwischen den Tieren als gut zu bezeichnen (Tab. 3).

In Versuchsreihe II mit Ochsen wurde eine Ration gleicher Zusammensetzung in verschiedener Höhe an die Tiere verfüttert (s. S. 164). Da sich zwischen der Höhe der Ration und der Verdaulichkeit keine Abhängigkeit ergibt, sind in der folgenden Tabelle 4 ebenfalls nur die Mittelwerte der Verdauungskoeffizienten für die Einzeltiere angegeben. Zur Beurteilung der individuellen Variation ist für die organische Substanz die Mittelwertstreuung angeführt.

Auch in dieser Versuchsreihe ist die Übereinstimmung der Verdaulichkeit sowohl bei den Einzeltieren als auch zwischen den Tieren gut. Die Verdaulichkeit liegt mit 77,7% der organischen Substanz bei einem Rauhfutteranteil der Ration von 72% sehr hoch und um 5% höher als in Versuchsreihe I. Dies dürfte auf die bessere Qualität der künstlich getrockneten Rauhfutterstoffe (s. Tab. 2) zurückzuführen sein.

In den Versuchen mit Schafen wurde als Grundfutter 800 g Wiesenheu (bzw. 800 g Wiesenheu + 100 g Gerste an die Tiere 5 und 6) gefüttert. Zu allen Rationen wurden ferner 6 g Kochsalz zugegeben. Die Tiere 1, 2, 5 und 6 erhielten Wiesenheu 1 und die Tiere 7 und 8 Wiesenheu 2 (s. Tab. 2). Für Wiesenheu errechneten sich folgende Verdauungskoeffizienten (Tab. 5).

Tabelle 4. *Zusammensetzung und Verdaulichkeit der gesamten Ration der Versuchsreihe II mit Ochsen*

	Organ. Substanz %	Roh-protein %	Roh-fett %	Roh-faser %	NFE %	C %	Q
	Zusammensetzung						
Ration . . .	91,32	16,66	2,75	25,33	46,58	44,42	4331 cal/g
	Verdaulichkeit						
Tier 2 . . .	77,3 ± 0,24	69,6	64,4	75,2	82,0	74,8	73,9 %
Tier 4 . . .	77,1 ± 0,16	68,8	60,4	74,7	82,3	74,7	73,9 %
Tier 5 . . .	78,3 ± 0,22	69,7	61,7	76,4	83,3	75,7	74,8 %
Tier 7 . . .	78,3 ± 0,20	70,7	63,1	75,6	83,4	75,8	74,8 %
Tier 8 . . .	77,2 ± 0,28	69,3	63,2	74,6	82,3	74,6	73,7 %
Tier 9 . . .	77,8 ± 0,19	69,9	63,2	75.2	83,0	75,2	74,4 %
im Mittel . .	77,7 ± 0,17	69,7	62,7	75,3	82,7	75,1	74,3 %

Tabelle 5. *Verdaulichkeit von Wiesenheu* (Grundfutter) *in den Versuchen mit Schafen*

	Tier Nr.	Organ. Subst. %	Roh-protein %	Roh-fett %	Roh-faser %	NFE %	C %	Q %
Wiesenheu 1	1	68,8	68,2	52,7	73,5	67,1	65,7	64,7
„ 1	2	67,4	66,9	51,4	70,9	66,3	64,1	62,9
Wiesenheu 1	5	60,2	58,3	23,8	65,7	60,3	55,8	54,0
„ 1	6	61,1	58,1	24,5	64,1	63,4	56,2	54,8
Wiesenheu 2	7	72,9	64,6	57,3	77,8	73,0	70,3	68,7
„ 2	8	73,2	64,0	54,9	78,4	73,6	70,3	69,0

Innerhalb der jeweiligen Tierpaare ist die Übereinstimmung der Verdauungskoeffizienten zufriedenstellend. Die Verdaulichkeit von Wiesenheu 2 ist größer als die von Wiesenheu 1. Zwischen den beiden Tierpaaren 1, 2 und 5, 6, an die die gleiche Partie Wiesenheu verfüttert wurde, ergeben sich jedoch erhebliche Differenzen in der Verdaulichkeit von rund 10% bei der organischen Substanz. Dazu sei betont, daß Einwaagefehler bzw. Fehler der Kotsammlung bzw. Kotauswaage durch mehrmalige Überprüfung ausgeschlossen sind. Bei den Tieren zeigten sich auch keinerlei Anzeichen einer Verdauungsstörung. Es wurde erwogen, die Versuchsreihe mit den Tieren 5 und 6 abzubrechen und mit neuen Tieren aufzunehmen. Um jedoch zu prüfen, ob sich auch in der Verwertungshöhe gleichgerichtete Differenzen ergeben, wurde die Versuchsreihe fortgesetzt. Die Ergebnisse der Verdaulichkeitsuntersuchung weisen darauf hin, wie notwendig es ist, auch für eine Verallgemeinerung von Verdauungskoeffizienten mit einer genügenden Anzahl von Paralleltieren zu arbeiten.

2.2 Zusammensetzung und Verdaulichkeit der Gerste

In Versuchsreihe I mit Ochsen wurde in 2 Perioden Gerste in Höhe von 2 kg und 3 kg zugelegt. Die Zusammensetzung der Gerste, die der gleichen Partie entstammte, ist in der folgenden Tabelle 6 angegeben:

Tabelle 6. *Zusammensetzung der Gerste*

	Organ. Subst. %	Roh-protein %	Roh-fett %	Roh-faser %	NFE %	C %	Q cal/g
2 kg Zulage	97,20	9,15	2,55	6,85	78,65	45,16	4375
3 kg Zulage	97,30	8,67	1,93	7,93	78,77	45,46	4427

In der Tabelle 7 sind die ermittelten Verdauungskoeffizienten zusammengestellt:

Tabelle 7. *Verdaulichkeit der Gerste* (Versuchsreihe mit Ochsen)

Tier-Nr.	Organ. Subst: %	Roh-protein %	Roh-fett %	Roh-faser %	NFE %	C %	Q %
			2000 g Zulage				
1	81,8	65,0	(109,8)	0	91,0	78,6	78,0
2	79,3	65,0	90,2	0	93,1	76,2	74,3
3	94,4	51,9	17,6	(167,9)	93,2	92,9	92,4
4	85,2	48,6	17,6	96,4	88,1	83,3	82,8
5	87,4	56,8	33.3	27,0	96,1	85,8	85,4
Mittel	85,6	57,5	53,7	58,3	92,3	83,4	82,6
			3000 g Zulage				
1	73,6	42,7	63,8	0	88,3	72,0	71,7
2	80,8	50,4	65,5	34,5	89,3	78,8	78,0
3	84,3	70 8	(115,5)	29,4	90,8	83,3	82,3
4	81,7	61,2	93,1	24,8	89.7	80,4	79,4
5	77,5	52,3	100,0	13.0	86,3	75,5	74,6
7	77,8	52,7	93,1	0	88,5	76,4	75,5
Mittel	79,3	55,0	88,5	17,0	88,8	77,7	76,9
Gesamtmittel	82,2	56,1	72,7	35,7	90,4	80,3	79,5

Trotz der guten Übereinstimmung der Verdauungskoeffizienten der Grundfutterration (s. Tab. 4) ergeben sich in der Verdaulichkeit der Gerstenzulage beträchtliche Differenzen, die nicht nur auf die Differenzmethodik zurückgeführt werden können. Aus der Zusammenstellung ist gleichfalls ersichtlich, daß bei 4 Tieren die Verdaulichkeit bei der höheren Zulage niedriger liegt, obwohl die Differenz der Mittelwerte auf Grund der großen Streuung zwischen den Tieren nicht signifikant ist. Auf Grund der Beobachtung, daß bei einigen Tieren bei der 3 kg-Zulage der Gerste am Schluß der Periode Pansenblähungen auftraten, und auf Grund der Streuungen der Verdauungskoeffizienten der Gerste muß angenommen werden, daß die Zusammensetzung der Zulageration physilogisch nicht optimal ist. Die Ursache hierfür dürfte in dem hohen Gehalt an leicht verdaulichen Kohlenhydraten zu suchen sein.

Aus der Zusammensetzung der Gerste und der mittleren Verdaulichkeit errechnet sich folgender Gehalt an verdaulichen Nährstoffen pro kg Trockensubstanz der Gerste:

Rohprotein	50,0 g	NFE	711,5 g
Rohfett	16,3 g	(C	363,9 g)
Rohfaser	26,4 g	(Q	3500 kcal)

In den Versuchen *mit Schafen* wurden einer Grundration aus 800 g Wiesenheu und 6 g Kochsalz entsprechend dem Versuchsplan (s. S. 158) Gerste in verschieden hohen Gaben zugelegt. Da sich zwischen der Höhe der Zulage und der Höhe der Verdaulichkeit keine Beziehungen ergeben, sind in der folgenden Tabelle 8 neben der mittleren Zusammensetzung der verfütterten Gerste die mittleren im Differenzverfahren errechneten Verdauungskoeffizienten der Gerste für die Einzeltiere zusammengestellt. Zur Beurteilung der individuellen Variation ist die Mittelwertstreuung bei der organischen Substanz angegeben:

Tabelle 8. *Zusammensetzung und Verdaulichkeit der Gerste in den Versuchen mit Hammeln*

	Organ. Subst. %	Roh-protein %	Roh-fett %	Roh-faser %	NFE %	C %	Q
				Zusammensetzung			
Gersle	97.27	8,79	2,09	7,36	79,03	45,27	4389 cal/g
				Verdaulichkeit			
Tier 1	80,2 ± 3,72	57,7	68,9	54,3	85,5	78,6	76,7%
„ 2	84,4 ± 2,16	69,7	88,6	32,2	91,1	83,6	83,2%
Tier 5	78,6 ± 1,55	52,4	100	61,4	81,8	77,9	77,7%
„ 6	75,2 ± 3,69	52,0	100	91,1	74,7	75,5	74,1%
Tier 7	80,2 ± 1,19	63,7	57,3	23,2	87,1	78,3	78,7%
„ 8	81,9 ± 1,69	62,5	75,6	27,4	88,5	80,6	80,2%
Ges.-Mittel	80,1 ± 1,16	59.7	81,7	48,3	84,8	79,1	78,4%

Ähnlich wie bei den Ochsen ergibt sich auch bei den Hammeln eine gewisse Labilität in den Verdauungskoeffizienten der Gerste, wie z. B. aus den nicht unwesentlichen Streuungen der Verdauungskoeffizienten der organischen Substanz bei den Einzeltieren entnommen werden kann. Analog der Verdaulichkeit bei Wiesenheu (s. Tab. 5) liegen auch in der Verdaulichkeit der Gerste die Tiere 5 und 6 niedriger als die anderen 4 Tiere, wenngleich die Differenzen nicht so hoch sind wie beim Wiesenheu.

Aus der mittleren Zusammensetzung der verfütterten Gerste und der mittleren Verdaulichkeit errechnet sich folgender Gehalt an verdaulichen Nährstoffen pro kg Trockensubstanz der Gerste:

Rohprotein	52,5 g	NFE	670,2 g
Rohfett	17,1 g	(C	358,1 g)
Rohfaser	35,5 g	(Q	3441 kcal)

3. *Die umsetzbare Energie*

3.1 *Die umsetzbare Energie der Rationen*

In der folgenden Tabelle 9 ist die umsetzbare Energie in % der verdaulichen Energie für die Grundfutterration der Versuchsreihe I bei Ochsen, für die gesamte Periodenfolge der Versuchsreihe II bei Ochsen und für das Wiesenheu in den Versuchen mit Hammeln zusammengestellt.

Tabelle 9. *Umsetzbare Energie in % der verdaulichen Energie*

Versuche mit Ochsen						*Versuche mit Hammeln*	
Versuchsreihe I			*Versuchsreihe II*				
Tier	Zahl der Perioden	u. E. in % der v. E.	Tier	Zahl der Perioden	u. E. in % der v. E.	Tier	u. E. in % der v. E.
1	2	80,8 ± 0,85	2	5	81,1 ± 0,50	1	77,4
2	2	80,5 ± 0,30	4	5	81,3 ± 0,46	2	79,2
3	2	80,4 ± 0	5	5	81,5 ± 0,59	5	75,4
4	2	81,3 ± 0,20	7	5	82,0 ± 0,48	6	76,3
5	2	83,1 ± 0,70	8	5	82,1 ± 0,69	7	80,9
7	1	81,0	9	5	81,5 ± 0,73	8	81,8
	Mittel	81,2 ± 0,41			81,6 ± 0,16		

Bei den Ochsen war die Variation der umsetzbaren Energie in % der verdaulichen Energie der Rationen sowohl bei den Einzeltieren als auch zwischen den Tieren gering. Bei Wiesenheu 1 (Hammel 1, 2, 5, 6) liegt der Anteil der umsetzbaren Energie in % der verdaulichen Energie zwischen 75,4 und 79,2%. Es ist darauf hinzuweisen, daß für die Tiere 5 und 6, bei denen die niedrige Verdaulichkeit (s. Tab. 5) für das Wiesenheu gefunden wurde, auch für den prozentualen Anteil der umsetzbaren Energie niedrigere Werte gefunden wurden als bei den Tieren 1 und 2. Die Ursache hierfür liegt darin, daß die Methanproduktion mit der Höhe der Verdaulichkeit nicht direkt korreliert und daß sich demzufolge bei erniedrigter Verdaulichkeit und gleicher Methanproduktion der relative Anteil der umsetzbaren Energie erniedrigt.

3.2 Die umsetzbare Energie der Gerste

Für die Gerste errechnen sich im Differenzverfahren die in Tab. 10 zusammengestellten Werte des prozentualen Anteils der umsetzbaren an der verdaulichen Energie. Bei den Versuchen mit Ochsen sind die Einzelwerte bei beiden Zulagehöhen und bei den Hammeln die Mittelwerte mit ihren Streuungen und der Anzahl der Meßwerte angegeben.

Tabelle 10. *Umsetzbare Energie (u. E.) der Gerste in % der verdaulichen Energie (v. E.)*

Versuche mit Ochsen			*Versuche mit Hammeln*		
Tier	2000 g Zulage u. E. in % der v. E.	3000 g Zulage u. E. in % der v. E.	Tier	Zahl der Perioden	u. E. in % der v. E.
1	92,2	93,0	1	7	92,0 ± 1,55
2	96,4	93,0	2	5	88,0 ± 1,09
3	94,2	89,3	5	5	88,4 ± 3,08
4	89,1	90,9	6	6	88,3 ± 3,80
5	89,1	(81,9*)	7	3	93,3 ± 1,88
7		89,2	8	3	92,0 ± 1,28
Mittel	92,2 ± 1,42	91,1 ± 0,84			90,3 ± 0,96

Bedingt durch die Differenzmethodik liegen bei der Gerste die Streuungen für den Anteil der umsetzbaren an der verdaulichen Energie höher als bei den Rationen. Die Übereinstimmung zwischen den Tieren ist aber als zufriedenstellend anzusehen, wobei sich die Streuungen mit der Erhöhung der Differenz (2 kg gegen 3 kg Zulage) vermindern. Bei den Hammeln 5 und 6 ist die Streuung zwischen den Perioden mit über 3% verhältnismäßig hoch. Die energetische Mehrausscheidung durch die Zulage an Gerste im Harn und in der zusätzlichen Methanproduktion ist bei beiden Tierarten etwa gleich und liegt zwischen 8–10% der resorbierten Energie der Zulage. Die energetische Mehrausscheidung in Form von Methan liegt etwa 5 mal so hoch wie die im Harn.

4. Die Beziehungen zwischen umsetzbarer Energie und Energiebilanz

4.1 Versuchsreihe II mit Ochsen

Entsprechend dem Versuchsplan dieser Versuchsreihe (s. S. 158), die mit 8 Tieren durchgeführt wurde, erhielten die Tiere in 5 Perioden eine gemischte Ration in Gaben von 6 bis 9 kg. 2 Tiere mußten bei der Auswertung ausgeschaltet werden, da innerhalb der Versuchsreihe sprunghafte Veränderungen im

*) Der Wert wurde bei der Mittelwertbildung ausgeschaltet, da die Harnenergie der zugehörigen Grundfutterperiode extrem niedrig liegt.

Erhaltungsstoffwechsel auftraten und demzufolge eine korrelative Auswertung nicht möglich war. In der folgenden Tabelle 11 sind die wichtigsten Meßergebnisse zur Ableitung der Beziehungen zwischen umsetzbarer Energie und Energiebilanz zusammengestellt. Weitere Einzelheiten können dem *Zahlenanhang* entnommen werden.

Wie aus der Tabelle 11 aus der Spalte der korrigierten Energiebilanz zu entnehmen ist, sind die absoluten Ansatzwerte bei der gleichen Rationshöhe zwischen den Tieren sehr unterschiedlich. Diese Unterschiede können nicht allein auf die Differenzen im Lebendgewicht sowie der Verwertung der über den Erhaltungsbedarf hinaus verabreichten Energie zurückgeführt werden, wie aus den in Tabelle 11 mitgeteilten Lebendgewichten und den unten zusammengestellten Regressionsgleichungen eindeutig entnommen werden kann. Diese Unterschiede weisen vielmehr auf beträchtliche Differenzen im Erhaltungsstoffwechsel der Einzeltiere hin. So beträgt der energetische Ansatz bei 9040 g Trockensubstanzeinnahme bei Tier 9 (mittleres Lebendgewicht 763 kg, Verwertung 59,2%) 3471 kcal, bei Tier 7 (mittleres Lebendgewicht 676 kg, Verwertung 58,6%) dagegen 6342 kcal, eine Differenz von 2871 kcal im energetischen Ansatz bei einer Lebendgewichtsdifferenz von 87 kcal und bei praktisch gleicher Verwertung der über den Erhaltungsbedarf hinaus verabreichten Energie.

In Abbildung 1 ist die Beziehung zwischen der umsetzbaren Energie und der auf das durchschnittliche Lebendgewicht korrigierten Energiebilanz graphisch wiedergegeben.

Aus Abb. 1 ergibt sich die Verteilung der Meßpunkte um die berechneten Regressionsgeraden. Der besseren Übersicht wegen sind die Regressionsgeraden für die Tiere 4, 7 und 8 zur x-Achse verschoben.

Aus der Verteilung der Meßpunkte um die berechneten Regressionsgeraden kann die wesentliche Schlußfolgerung gezogen werden, daß die Beziehung zwischen der umsetzbaren Energie und der Energiebilanz im untersuchten Ernährungsbereich im Rahmen der Fehlergrenze solcher Versuche als linear angenommen werden kann und daß demzufolge das von KELLNER entwickelte Differenzverfahren zur Bestimmung des energetischen Leistungsvermögens der Futterstoffe bei der Fettmast ausgewachsener Ochsen voll gerechtfertigt ist.

Im Folgenden sind die Regressionsgleichungen zusammengestellt:

Tier	Regressionsgleichung	r	Mittl. Lebendgewicht
2	$y = 0{,}627\,x - 10050 \pm 562$	0,977	756
4	$y = 0{,}518\,x - 6866 \pm 404$	0,982	681
5	$y = 0{,}532\,x - 6604 \pm 295$	0,991	691
7	$y = 0{,}586\,x - 7707 \pm 550$	0,976	676
8	$y = 0{,}606\,x - 8806 \pm 190$	0,997	602
9	$y = 0{,}592\,x - 11008 \pm 263$	0,993	763
im Mittel	0,577 $\pm$ 0,0175 ... 377	0,986	

Tabelle 11. *Bruttoenergie, verdauliche Energie, umsetzbare Energie und Energiebilanz in Versuchsreihe II mit Ochsen*

Tier	Vers.-Nr.	Futter g Tr.-S.	Brutto-energie kcal	verdaul. Energie kcal	umsetzb. Energie kcal	Energie-bilanz kcal	Energie bil. korr.*) kcal	Lebend-gewicht kg
2	R 48	7040	30519	22537	17991	1126	996	746
	56	6040	26173	19336	15581	679	432	737
	64	9040	39131	29011	23723	4701	4805	764
	72	8040	34867	25427	21034	3068	3276	772
	80	6040	26014	19415	15685	-873	-821	760
	Mittleres Lebendgewicht 756 kg							
4	R 50	7040	30519	22721	18571	2579	2293	659
	58	6040	26173	19327	15551	1259	973	659
	66	9040	39131	28796	23384	5096	5213	690
	74	8040	34867	25648	21301	4198	4432	699
	82	6040	26014	19265	15438	1335	1530	696
	Mittleres Lebendgewicht 681 kg							
5	R 51	7040	30398	22828	18346	3100	2836	673
	59	6040	26156	19600	15722	2098	1799	668
	67	9040	39376	29176	23976	5917	5982	696
	75	8040	34842	25942	21619	4991	5251	711
	83	6040	26098	19610	16044	1761	1995	709
	Mittleres Lebendgewicht 691 kg							
7	R 52	7040	30398	22879	18614	3527	3267	656
	60	6040	26156	19655	15865	2477	2217	656
	68	9040	39376	29388	24124	6225	6342	685
	76	8040	34842	25933	21680	4896	5130	694
	84	6040	26098	19461	15962	781	950	689
	Mittleres Lebendgewicht 676 kg							
8	R 53	7040	30398	22622	18430	2545	2103	568
	61	6040	20156	19053	15250	844	480	574
	69	9028	39324	28698	23841	5460	5590	612
	77	8040	34842	25688	21586	4116	4454	628
	85	6034	26072	19469	15919	582	907	627
	Mittleres Lebendgewicht 602 kg							
9	R 54	7040	30398	22817	18466	-105	- 92	764
	62	6040	26156	19558	15511	-1373	-1633	743
	70	9040	39376	29144	24020	3393	3471	769
	78	8040	34842	25715	21506	1289	1432	774
	86	7040	30480	22510	18249	-378	-339	766
	Mittleres Lebendgewicht 763 kg							

*) Leb. Gew.-Korrektur: — 13 kcal/kg.

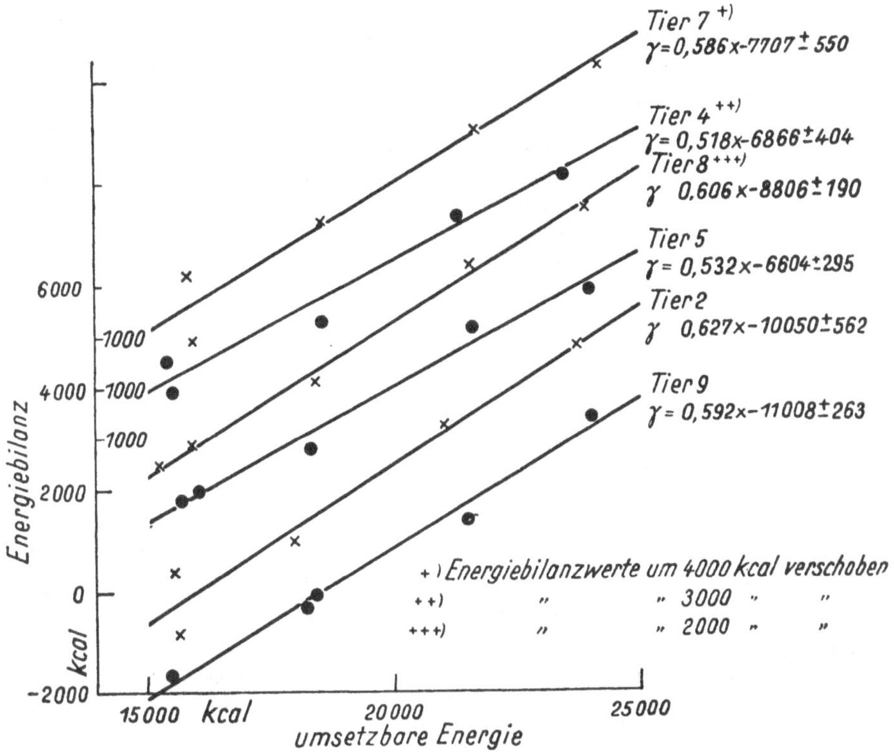

Abb.1. Beziehungen zwischen umsetzbarer Energie und Energiebilanz in Versuchsreihe II mit Ochsen

Die Verwertung der umsetzbaren Energie zum Ansatz der gemischten Ration ergibt sich aus den Regressionskoeffizienten im Mittel zu 57,7% ± 1,75. Diese Verwertungsgröße erscheint für die Zusammensetzung der Ration mit 72% Rauhfutteranteil und 25,3% Rohfaser sehr hoch und weist auf die Frage hin, ob durch die künstliche Trocknung der Rauhfutterstoffe außer der Erhöhung der Verdaulichkeit auch die Verwertung der umsetzbaren Energie erhöht wird. Da die Messung bisher nur für eine Ration vorliegt, läßt sich noch keine Schlußfolgerung ziehen.

Die durchschnittliche Streuung der Meßpunkte um die Regressionsgeraden mit ± 377 kcal beträgt etwa 7% des Ansatzwertes der höchsten Futtergabe der Versuchsreihe. Sie liegt höher als bei den entsprechenden Versuchsreihen mit Schweinen [6]. Die Prüfung auf individuelle Unterschiede der Verwertungskoeffizienten ergibt keine signifikanten Differenzen (t-Test-Prüfung der Regressionskoeffizienten).

4.2 Versuche mit Hammeln

In der folgenden Tabelle 12 sind die wichtigsten Meßergebnisse zur Ableitung der Beziehung zwischen der umsetzbaren Energie und der Energiebilanz zu-

Tabelle 12

Tier	Vers.-Nr.	Wiesenheu g Tr.-S.	Gerste g Tr.-S.	Brutto-Energie kcal	verdaul. Energie kcal	umsetzb. Energie kcal	Energiebilanz kcal	Energiebilanz korr.*) kcal	Leb.-Gew. kg
1	H 1	800	450	5594	3996	3378	978	976	76,1
	5	800	200	4492	3144	2559	474	473	76,3
	9	691	700	6204	4646	4097**)	1140	1302**)	84,4
	11	800	600	6240	4194	3497	922	917	75,6
	15	799	200	4494	2866	2261	261	248	74,0
	19	800	—	3627	2345	1816	-56	-77	72,3
	23	800	400	5348	3643	3068	786	789	77,0
	27	795	300	4864	3239	2695	487	485	76,1
	Mittleres Lebendgewicht 76,5 kg								
2	H 2	795	450	5571	3864	3210	786	779	68,4
	6	800	200	4492	3089	2523	408	402	68,7
	10	744	684	6373	4564	3941**)	1247	1323**)	72,4
	12	778	600	6140	4347	3741**)	1213	1237**)	69,7
	16	798	200	4489	2968	2392	333	337	70,6
	20	800	—	3627	2282	1807	-51	-52	69,7
	Mittleres Lebendgewicht 69,9 kg								
5	H 25	300	400	5348	3278	2611	393	378	51,5
	29	800	300	4886	2943	2308	306	297	52,7
	31	799	200	4460	2643	2073	151	142	52,7
	39	800	100	4010	2269	1756	-140	-137	55,0
	43	786	600	6142	3910	3410**)	882	920	60,2
	Mittleres Lebendgewicht 54,4 kg								
6	H 26	800	400	5348	3168	2526	489	469	47,9
	30	800	300	4886	2823	2198	183	167	48,7
	32	799	200	4460	2626	2083	273	258	48,9
	36	800	500	5756	3740	3133	742	753	54,0
	40	800	100	4006	2281	1779	-17	-11	53,0
	44	798	600	6195	4083	3574	1073	1107	58,7
	Mittleres Lebendgewicht 52,9 kg								
7	H 33	798	400	5238	3752	3159	968	957	50,7
	37	798	200	4370	3113	2602	615	610	52,0
	41	787	600	6067	4395	3906**)	1446	1480**)	56,4
	45	799	—	3489	2420	1931	187	202	55,9
	49	800	—	3474	2364	1935	36	18	49,4
	Mittleres Lebendgewicht 52,9 kg								
8	H 34	798	400	5238	3819	3245	1062	1045	48,1
	38	798	200	4370	3140	2641	685	677	49,8
	42	744	600	5879	4261	3881**)	1373	1459**)	54,8
	46	800	—	3494	2446	1994	288	301	54,0
	50	800	—	3474	2366	1941	71	64	50,1
	Mittleres Lebendgewicht 51,4 kg								

*) Leb. Gew.-Korrektur: — 5 kcal/kg.
**) korrigiert um die Minderverzehrmengen an Heu.

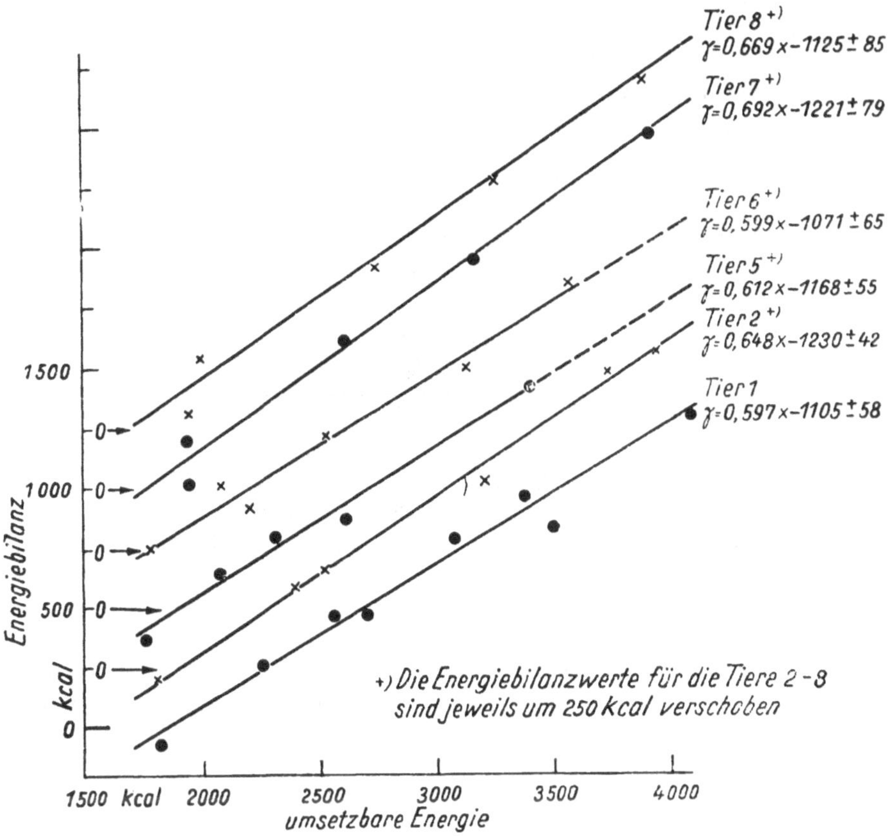

Abb. 2. Beziehungen zwischen umsetzbarer Energie und Energiebilanz in den Versuchen mit Hammeln

sammengestellt. Weitere Einzelheiten können dem *Zahlenanhang* entnommen werden. Zur besseren Übersicht (siehe auch Versuchsplan S. 158) sind in der Tabelle außer den Energiegrößen die in den einzelnen Perioden verzehrten Heumengen sowie die verzehrte Gerste angegeben. Zusätzlich erhielten die Tiere täglich 6 g Kochsalz.

In Abbildung 2 ist die Beziehung zwischen der umsetzbaren Energie und der Energiebilanz graphisch dargestellt. Zur besseren Übersicht sind die Regressionsgeraden parallel zur x-Achse von Tier zu Tier um 250 kcal verschoben.

Auch bei den Hammeln ergibt sich aus der Verteilung der Einzelmeßwerte um die berechneten Regressionsgeraden, daß im untersuchten Ernährungsbereich die Beziehung zwischen umsetzbarer Energie und Energiebilanz geradlinig verläuft. In den ersten beiden Mitteilungen [5, 6] zu diesem Problem konnte die gleiche Aussage für Kleintiere (Kaninchen und Ratten) und für Schweine abgeleitet werden. Aus den vorliegenden Untersuchungen an Ochsen und Hammeln kann demzufolge die bei monogastrischen Tierarten gefundene Gesetzmäßigkeit auf die Wiederkäuer erweitert werden. Damit erscheint eine der wichtigsten

Grundlagen zur Anwendung des Differenzverfahrens bei der Bestimmung des energetischen Leistungsvermögens der Futterstoffe in Form des Fettproduktionsvermögens ausgewachsener Tiere als eindeutig geklärt. Im Folgenden sind die Regressionsgleichungen sowie die Korrelationskoeffizienten zusammengestellt:

Tier	Regressionsgleichung	r	Lebendgewicht kg
1	y = 0,597 x —1105 ± 58	0,993	76,5
2	y = 0,648 x —1230 ± 42	0,998	69,9
5	y = 0,612 x —1168 ± 55	0,992	54,4
6	y = 0,599 x —1071 ± 65	0,990	51,9
7	y = 0,692 x —1221 ± 79	0,993	52,9
8	y = 0,669 x —1125 ± 85	0,991	51,4
im Mittel	0,636 ± 0,0162 64	0,993	

Die Korrelationskoeffizienten liegen mit durchschnittlich 0,993 hoch. Der Verwertungskoeffizient der Gerste errechnet sich zu 63,6 ± 1,62%. Die Prüfung der Regressionskoeffizienten (t-Test) auf individuelle Unterschiede ergibt keine signifikanten Differenzen im Verwertungsvermögen. Die durchschnittliche Streuung um die Geraden von 64 kcal entspricht etwa 5% des maximalen energetischen Ansatzes der Tiere; die auf den maximalen Ansatz bezogene Streuung liegt demzufolge bei den Versuchen mit Hammeln um 2% niedriger als bei den Versuchen mit Ochsen und ist etwa doppelt so hoch wie bei der II. Versuchsreihe mit Schweinen, über die früher [6] berichtet wurde.

5. *Der energetische Produktionswert der Gerste*

5.1 Versuchsreihe I mit Ochsen

Wie bereits einleitend ausgeführt wurde, war die erste Versuchsreihe mit 6 Ochsen so geplant, daß zu einer gemischten Grundfutterration Gerste in verschiedenen Gaben bis zu 4 kg zugelegt und nach jeder Grundfutterperiode eine Zulagenperiode folgen sollte. Dieser Versuchsplan mußte aus mehreren Gründen aufgegeben werden. Bereits am Schluß der Periode mit 3 kg Gerstenzulage traten Schwierigkeiten in der Futteraufnahme ein, und bei einigen Tieren traten Blähungen des Pansens auf. Diese Pansenblähungen wiederholten sich bei der an die nächste Grundfutterperiode anschließenden Zulagenperiode mit 1 kg Gerste, so daß die Versuchsreihe abgebrochen werden mußte. Weiterhin zeigte es sich, daß sich bei einigen Tieren bei der Periode mit 3 kg Gerstenzulage der Stoffwechsel auf ein anderes Grundniveau eingestellt hatte, wie es sich aus dem Vergleich der diese Zulagenperiode einschließenden Grundfutterperioden ergibt (s. Abb. 3). Analoge Beobachtungen über plötzliche Veränderungen des Erhaltungsstoffwechsels konnten wir bereits früher [5] bei Kaninchen und Ratten machen.

Auf Grund dieser Stoffwechseländerungen, die auch bei den Tieren 1 und 3 in der II. Versuchsreihe auftraten, ist eine korrelative Auswertung der I. Versuchsreihe zum Verwertungsproblem in Abhängigkeit von der Höhe der Zulage nicht durchzuführen, und die Auswertungsmöglichkeit wird auf die Differenzbildung der Zulagenperiode mit 2 und 3 kg Gerstenzulage zu der jeweiligen Grundfutterperiode zur Ableitung des energetischen Leistungsvermögens der Gerste eingeschränkt. Es ist noch darauf hinzuweisen, daß Tier 6 wegen Erkrankung nach der ersten Zulagenperiode ausfiel und Tier 7 dafür eingestellt wurde, mit dem nur die Zulagenperiode mit 3 kg Gerste einschließlich der zugehörigen Grundfutterperiode durchgeführt wurde.

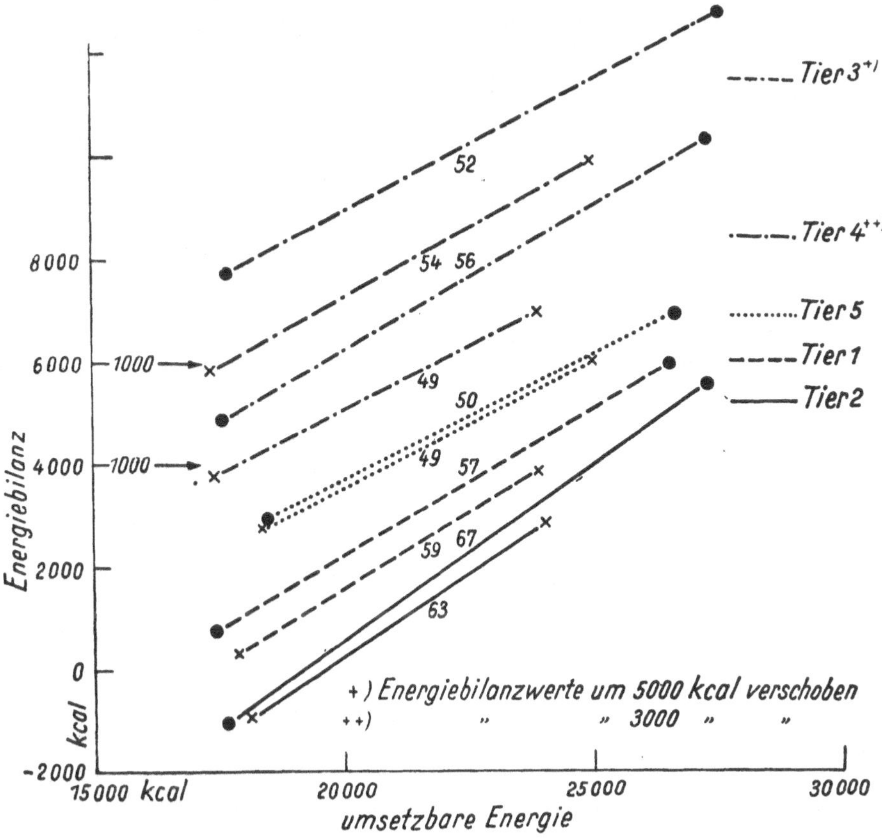

Abb. 3. Umsetzbare Energie und Energiebilanz in Versuchsreihe I mit Ochsen (Tiere 1—5)
× Meßwerte bei 2 kg Zulage
Meßwerte bei 3 kg Zulage

In Abbildung 3 sind die energetischen Ansatzwerte (Energiebilanz) in Abhängigkeit von der zugeführten umsetzbaren Energie der beiden Gerstenzulageperioden und der dazugehörigen Grundfutterperioden für die Tiere 1–5 aufgetragen. Die Energiebilanzen sind für die Einzeltiere auf einheitliches Lebendgewicht (Korrekturgröße: 13 kcal/kg Lebendgewichtsänderung) korrigiert. Die Energiebilanzen der Perioden mit 2 kg Gerstenzulage und der nachfolgenden Grundfutterperioden sind durch ein Kreuz, die der Perioden mit 3 kg Gerstenzulage und der anschließenden Grundfutterperiode durch einen Punkt gekennzeichnet.

Tabelle 13. *Die verschiedenen Energiegrößen beim Umsatz der Gerste*

Tier	aufgerechnete Perioden	Brutto-Energie kcal	verdl. Energie kcal	umsetzb. Energie kcal	Netto-Energie kcal	$\frac{\text{v. E.}}{\text{B. E.}} \cdot 100$	$\frac{\text{u. E.}}{\text{v. E.}} \cdot 100$	$\frac{\text{N. E.}}{\text{u. E.}} \cdot 100$	Ansatz / kg Tr.-Subst. kcal
				2000 g Gerstenzulage					
1	R 7 / 13	8750	6822	6291	3725	78,0	92,2	59,2	1863
2	R 8 / 14	„	6505	6271	3924	74,3	96,4	62,6	1962
3	R 9 / 15	„	8086	7618	4088	92,4	94,2	53,7	2044
4	R 10 / 16	„	7243	6453	3158	82,8	89,1	48,9	1579
5	R 11 / 17	„	7472	6656	3227	85,4	89,1	48,5	1614
im Mittel						82,6	92,2	54,6	1812
				3000 g Gerstenzulage					
1	R 19 / 25	13281	9526	8856	5067	71,7	93,0	57,2	1689
2	R 20 / 26	„	10354	9628	6477	78,0	93,0	67,3	2159
3	R 21 / 27	„	10935	9769	5046	82,3	89,3	51,7	1682
4	R 22 / 28	„	10544	9582	5398	79,4	90,9	56,3	1799
5	R 23 / 29	„	9911	8118	4047	74,6	81,9	49,9	1349
7	R 24 / 30	„	10024	8941	5178	75,5	89,2	57,9	1726
im Mittel						76,9	89,6	56,7	1734
Gesamtmittel / kg Tr.-Substanz		4403	3500	3177	1769	79,5 ± 1,79	90,8 ± 1,16	55,7 ± 1,79	1769 ± 69,2

Der besseren Übersicht wegen sind die Energiebilanzen für Tier 4 um 3000 kcal, für Tier 3 um 5000 kcal parallel zur x-Achse verschoben und die zugehörigen Meßpunkte miteinander verbunden, wobei jeweils der sich aus dem einfachen Differenzverfahren ergebende Verwertungskoeffizient mit angeführt ist.

Aus Abbildung 3 ergibt sich für die Tiere 1, 3 und 4 die oben erwähnte Stoffwechselumstellung zwischen Grundfutter- und Zulagenperiode mit 3 kg Gerste. So liegt die auf gleiche umsetzbare Energie bezogene korrigierte Energiebilanz in der ersten Grundfutterperiode mit Tier 1 um 700 kcal, bei Tier 3 um 1800 kcal und bei Tier 4 um 1000 kcal niedriger als in der zweiten Grundfutterperiode. Demgegenüber sind die Ansatzwerte in den beiden Grundfutterperioden bei den Tieren 2 und 5 praktisch gleich. Zur Ableitung des energetischen Leistungsvermögens der Gerste sind daher einheitlich die Zulageperioden gegen die jeweils nachfolenden Grundfutterperioden im Differenzverfahren aufgerechnet. In Tabelle 13 sind die wichtigsten Werte dieser Aufrechnung zusammengestellt. Sämtliche Grundzahlen, die zu dieser Berechnung führen, können dem Zahlenanhang entnommen werden.

Wie bereits bei der Besprechung der Verdauungskoeffizienten der Gerste (s. S. 167) ausgeführt wurde, ergibt sich eine gewisse Labilität des Umsatzes in dieser Versuchsreihe. So sind auch die Streuungen der Verwertungskoeffizienten verhältnismäßig hoch. Da jedoch 11 Einzelmessungen vorliegen, kann der resultierende Mittelwert von 55,7% als repräsentativ für die Gerste angesehen werden. Der Mittelwert ist mit 96,8% gesichert.

Es erscheint noch von Interesse, den im Tierversuch ermittelten Ansatzwert mit dem auf Grund des Gehaltes an verdaulichen Nährstoffen berechneten zu vergleichen. Dieses von KELLNER auf Grund seiner Versuche mit reinen Nährstoffen abgeleiteten Berechnungsverfahren ist kürzlich von HOFFMANN, SCHIEMANN und NEHRING[3] einer kritischen Analyse unterzogen worden, die für die einzelnen Futtermittelgruppen aus der Gesamtheit der KELLNER'schen Respirationsversuche mehrfachkorrelativ die Energiefaktoren für die Berechnung der Nettoenergie aus dem Gehalt an verdaulichen Nährstoffen ermittelt haben. Im Folgenden werden die beiden Berechnungsverfahren gegenübergestellt:

	g verdauliche Nährstoffe je kg Tr.-S.	Energiefaktoren nach KELLNER	berechnete Nettoenergie kcal	korrelat. ermittelte Energiefaktoren	berechnete Nettoenergie kcal
Rohprotein	50,0	2,24	112,0	1,70	85,0
Rohfett	16,3	5,00	81,5	7,13	116,2
Rohfaser	26,4	2,36	62,3	1,24	32,7
NFE	711,5	2,36	1679,1	2,09	1487,0
Aus dem Gehalt an verdaulichen Nährstoffen berechnet			1935		1721
Im Tierversuch bestimmt			1769		1769
Differenz			+116 9,4%		— 48 2,7%

Bei der Berechnung der Nettoenergie nach KELLNER ergibt sich zwischen Tierversuch und Rechnung eine Differenz von 9,4%, während unter Verwendung der mehrfachkorrelativ für die Gruppe der Kraftfutterstoffe ermittelten Energiefaktoren die berechnete und die im Tierversuch bestimmte Nettoenergie der Gerste innerhalb der Streuung des Mittelwertes der Tierversuche von ± 3,9% übereinstimmen.

Das energetische Leistungsvermögen der Gerste wurde früher in 2 Versuchen mit Ochsen von KELLNER [1] und in 3 Gesamtstoffwechselversuchen mit steigender Gabe an einer trockenstehenden Kuh von MØLLGAARD [4] bestimmt. Die Verwertungskoeffizienten der umsetzbaren Energie betrugen in den Versuchen KELLNER's 59,6 und 58,6% mit Nettoenergiewerten je kg Trockensubstanz von 1953 und 1905 kcal; in dem Versuch von MØLLGAARD wurde der Verwertungskoeffizient zu 62% und der Ansatz je kg Trockensubstanz zu 1829 kcal bestimmt. Die Ergebnisse dieser Versuche fallen in den Streuungsbereich der eigenen Versuche. Auf Grund der größeren Versuchs- und Tierzahl ist der in den eigenen Versuchen bestimmte Mittelwert für das energetische Leistungsvermögen der Gerste stärker gesichert.

5.2 Versuche mit Hammeln

Wie einleitend erwähnt, sollte auch in den Versuchen mit Hammeln neben der Klärung der Beziehung zwischen der Höhe der Futtergabe (umsetzbare Energie) und der Leistung (Nettoenergie) als Nebenproblem das energetische Leistungsvermögen der Gerste bestimmt werden. Aus der Versuchsanlage (s. S. 163) ergibt sich, daß die korrelative Auswertung der Differenzauswertung vorzuziehen ist, da Grundfutterperioden jeweils nur ein- bzw. zweimal in die Versuchsreihe eingeschaltet sind. Der Energieumsatz der Gerste bei Hammeln ergibt sich daher aus der bisherigen Besprechung der Hammelversuche in den Abschnitten 2,2; 3,2 und 4,2, bezogen auf 1 kg Trockensubstanz wie folgt:

Brutto-Energie kcal	verdaul. Energie kcal	umsetzb. Energie kcal	Netto-Energie kcal	$\frac{\text{v. E.}}{\text{B. E.}} \cdot 100$	$\frac{\text{u. E.}}{\text{v. E.}} \cdot 100$	$\frac{\text{N. E.}}{\text{u. E.}} \cdot 100$
4389	3441	3107	1976	78,4 ± 1,27	90,3 ± 0,96	63,6 ± 1,62

Im Vergleich dazu fanden wir in den Versuchen mit Ochsen (s. S. 178) und Schweinen [6] folgende Werte:

Brutto-Energie kcal	verdaul. Energie kcal	umsetzb. Energie kcal	Netto-Energie kcal	$\frac{\text{v. E.}}{\text{B. E.}} \cdot 100$	$\frac{\text{u. E.}}{\text{v. E.}} \cdot 100$	$\frac{\text{N. E.}}{\text{u. E.}} \cdot 100$
Ochsen						
4403	3500	3177	1769	79,5 ± 1,79	90,8 ± 1,16	55,7 ± 1,79
Schweine						
4377	3510	3439	2626	80,2 ± 0,54	97,7 ± 0	77,3 ± 0,91

Demnach liegt die Verwertung der umsetzbaren Energie der Gerste beim Schaf um 14% und beim Schwein um 39% höher als beim Rind.

III. Zusammenfassung

In Versuchen mit Ochsen und Hammeln wurden als wesentlichstes Problem die Beziehungen zwischen der Zufuhr an umsetzbarer Energie im Futter und der Höhe der Nettoenergie unter der Bedingung der Fettmast ausgewachsener Tiere untersucht und als Nebenproblem das energetische Leistungsvermögen der Gerste unter gleichen Bedingungen bestimmt.

In Übereinstimmung mit unseren früheren Untersuchungen an Kaninchen und Ratten [5] und Schweinen [6] ist das wichtigste Ergebnis der vorliegenden Untersuchung der Nachweis einer linearen Beziehung zwischen der Zufuhr an umsetzbarer Energie im Futter und der Höhe der Nettoenergie im Ernährungsbereich der Mast. Die über den Erhaltungsbedarf hinaus verabreichte Energie wird unabhängig von ihrer Höhe im Rahmen der biologischen Streuung zu einem konstanten Prozentsatz zum Ansatz von Körpersubstanz, vornehmlich Körperfett, verwertet. Damit ist die Anwendung des von KELLNER entwickelten Differenzverfahrens zur Messung des energetischen Leistungsvermögens der Futterstoffe im Hinblick auf die Energieverwertung in Abhängigkeit von der Höhe der Energiezufuhr auch bei Wiederkäuern voll gerechtfertigt.

Aus den Zulageversuchen mit Gerste errechnet sich eine mittlere Verdaulichkeit der organischen Substanz von 88,2 bzw. 80,1% bei Ochsen bzw. Hammeln. Die Verdaulichkeit war unabhängig von der Höhe der Zulage. Der Anteil der umsetzbaren Energie an der verdaulichen Energie betrug 91,7% bzw. 90,3%, die Verwertung der umsetzbaren Energie zum Körperansatz (Nettoenergie) 55,7% bzw. 63,6% und die Nettoenergie je kg aufgenommener Gerste 1796 bzw. 1976 kcal für Ochse bzw. Hammel.

Ein Vergleich der direkt gemessenen Nettoenergie der Gerste an Ochsen mit berechneten Werten aus den verdaulichen Nährstoffen nach der Methode KELLNER's und mit Hilfe von mehrfachkorrelativ abgeleiteten Faktoren ergab eine Abweichung von +9,4 bzw. - 2,7%.

Analog unseren Untersuchungen an Kaninchen und Ratten und an Schweinen konnten signifikante individuelle Unterschiedee in der Verwertung der Futterenergie für den Energieansatz nicht nachgewiesen werden. – Bei Ochsen traten teilweise erhebliche Änderungen im Erhaltungsstoffwechsel auf.

Literaturverzeichnis

1 FINGERLING, G.: Der Stärkewert des Gerstenschrotes. Die Landw. Versuchsstationen **116**, 1—22, 1933.

2 HOFFMANN, L.: Zur Berechnung der Wärmeproduktion und zur Kontrolle eines Gesamtstoffwechselversuches über das Gesetz der Erhaltung der Energie. Wiss. Abh. DAL, Berlin, Nr. 37, 83—91, 1958.

[3] HOFFMANN, L., R. SCHIEMANN und K. NEHRING: Zur Berechnung der Netto-Energie von Futterstoffen. Arch. f. Tierernährung **10**, 229—240, 1960.

[4] MØLLGAARD, H.: Om Naeringsvaerdien af Roer of Byg til Fedning og om Naeringsstoffholdets Betydning for Fodermidlernes Naeringsvaerdi. 111. Beretning fra Forsøgslaboratoriet, Kopenhagen, 1923.

[5] NEHRING, K., L. HOFFMANN und R. SCHIEMANN: Die Verwertung der Futterenergie in Abhängigkeit vom Ernährungsniveau. 1. Mitteilung: Versuche mit Kaninchen und Ratten. Arch. f. Tierernährung, **9**, 85—139, 1958.

[6] NEHRING, K., R. SCHIEMANN, L. HOFFMANN und W. KLIPPEL: Die Verwertung der Futterenergie in Abhängigkeit vom Ernährungsniveau. 2. Mitteilung: Versuche mit Schweinen. Arch. f. Tierernährung **10**, 275—320, 1960.

[7] NEHRING, K., R. SCHIEMANN, L. HOFFMANN und M. SCHMIDT: Über den apparativen Aufbau von Respirationsanlagen für Rinder, Schweine und Schafe im Rahmen des Neubaues des Oskar Kellner-Instituts für Tierernährung Rostock. Wiss. Abh. DAL, Nr. **37**, 34—64, 1958.

[8] SCHIEMANN, R.: Über den Aufbau von Respirationsapparaten für Großtiere und Kleintiere im Oskar Kellner-Institut für Tierernährung, Rostock. 1. Symposium on Energy Metabolism, EAAP-Publication No. 8, Copenhagen, 1958, 29—42.

Eingegangen am 3. 9. 1960

Zahlenanhang

der

Gesamt-Stoffwechselversuche

mit Ochsen und Hammeln

Versuchsreihe I mit Ochsen

Tier / Vers.		1/7			1/13		1/19			1/25	
Periode		2			3		4			5	
Vorfütterung		23. 1.— 9. 2. 58			8. 3.—19. 3. 58		3. 4.—20. 4. 58			8. 5.—25. 5.58	
Versuch		10. 2.—26. 2. 58			20. 3.— 2. 4. 58		21. 4.— 1. 5. 58			26. 5.—11. 6. 58	
Lebendgewicht	kg	704			705		735			741	
CO_2 l		4243 ± 30			3552 ± 32		4511 ± 63			3544 ± 24	
O_2 l		3937 ± 33			3506 ± 31		4062 ± 51			3605 ± 37	
CH_4 l		281 ± 17			258 ± 12		355 ± 15			282 ± 6	
Harn	g N	126,6			118,6		122,9			116,6	
	g C	183,9			170,8		171,4			171,1	
	kcal	1835			1574		1710			1700	
		GF	Zul.	Kot	GF	Kot	GF	Zul.	Kot	GF	Kot
Trockensubstanz	g	7040	2000	2416	7040	1990	7040	3000	2834	7040	2007
Org. Substanz	g	6536	1944	2086	6514	1729	6514	2919	2461	6515	1690
Rohasche	g	504	56	330	526	261	526	81	373	525	317
Rohprotein	g	1131	183	447	1142	387	1142	260	517	1165	375
Rohfett	g	219	51	76	224	83	224	58	112	182	74
Rohfaser	g	1849	137	754	1823	593	1823	238	850	1888	543
NFE	g	3335	1573	809	3327	667	3327	2363	982	3280	697
N	g	181,2	29,4	71,5	182,5	61,9	182,5	41,7	82,8	186,4	60,0
C	g	3171,3	903,2	1119,6	3199,4	934,9	3200,6	1363,8	1297,1	3192,2	912,0
kcal		30819	8750	11205	31301	9427	31301	13281	13051	31013	9206

Tier / Vers.-Nr.		2/8			2/14		2/20			2/26	
Periode		2			3		4			5	
Vorfütterung		23. 1.— 9. 2. 58			8. 3.—19. 3. 58		3. 4.—20. 4. 58			8. 5.—25. 5. 58	
Versuch		10. 2.—26. 2. 58			20. 3.— 2. 4. 58		21. 4.— 7. 5. 58			26. 5.—11. 6. 58	
Lebendgewicht	kg	690			684		706			697	
CO_2 l		4460 ± 17			3801 ± 40		4768 ± 32			3820 ± 39	
O_2 l		4203 ± 17			3894 ± 39		4445 ± 29			4018 ± 44	
CH_4 l		275 ± 8			2151 ± 7		355 ± 8			274 ± 3	
Harn	g N	130,2			127,8		128,3			124,0	
	g C	185,6			190,2		176,0			175,4	
	kcal	1842			1907		1734			1744	
		GF	Zul.	Kot	GF	Kot	GF	Zul.	Kot	GF	Kot
Trockensubstanz	g	7040	2000	2358	7040	1926	7040	3000	2566	7040	1966
Org. Substanz	g	6536	1944	2050	6514	1640	6514	2919	2223	6515	1666
Rohasche	g	504	56	308	526	286	526	81	343	525	300
Rohprotein	g	1131	183	420	1142	360	1142	260	478	1165	356
Rohfett	g	219	51	93	224	90	224	58	106	182	70
Rohfaser	g	1849	137	764	1823	529	1823	238	690	1888	554
NFE	g	3335	1573	773	3327	661	3327	2363	949	3280	686
N	g	181,2	29,4	67,2	182,5	57,6	182,5	41,7	76,5	186,4	57,0
C	g	3172,5	903,2	1100,2	3199,8	891,5	3200,8	1363,8	1185,2	3192,5	894,7
kcal		30819	8750	11090	31301	8971	31301	13281	12004	31013	9002

Tier / Vers.-Nr.		3/9			3/15		3/21			3/27	
Periode		2			3		4			5	
Vorfütterung		6. 2.—23. 2. 58			13. 3.—30. 3. 58		17. 4.— 4. 5. 58			22. 5.— 8. 6. 58	
Versuch		24. 2.—12. 3. 58			31. 3.—16. 4. 58		5. 5.—21. 5. 58			9. 6.—25. 6. 58	
Lebendgewicht	kg	576			581		619			623	
CO_2 l		4253 ± 27			3407 ± 21		4473 ± 30			3254 ± 28	
O_2 l		3960 ± 33			3349 ± 19		4034 ± 28			3219 ± 50	
CH_4 l		300 ± 26			253 ± 12		382 ± 5			274 ± 5	
	g N	124,4			114,6		131,3			116,3	
Harn	g C	187,5			173,4		187,6			173,6	
	kcal	1834			1818		1867			1714	
		GF	Zul.	Kot	GF	Kot	GF	Zul.	Kot	GF	Kot
Trockensubstanz	g	7040	2000	2230	7040	2038	7040	3000	2507	7040	2027
Org. Substanz	g	6564	1944	1913	6533	1797	6516	2919	2159	6513	1702
Rohasche	g	476	56	317	507	241	524	81	348	527	325
Rohprotein	g	1126	183	424	1159	345	1166	260	464	1128	376
Rohfett	g	123	51	87	207	76	212	58	87	184	83
Rohfaser	g	1773	137	556	1883	689	1806	238	657	1883	511
NFE	g	3541	1573	847	3284	686	3332	2363	950	3316	731
N	g	180,0	29,4	67,8	185,4	55,2	186,4	41,7	74,2	180,6	60,2
C	g	3208,5	903,2	1036,1	3220,6	975,4	3218,5	1363,8	1154,2	3195,3	918,8
kcal		31244	8750	10381	31262	9717	31394	13281	11670	31264	9284

Tier / Vers.-Nr.		4/10			4/16		4/22			4/28	
Periode		2			3		4			5	
Vorfütterung		6. 2.—23. 2. 58			13. 3.—30. 3. 58		17. 4.— 4. 5. 58			22. 5.— 8. 6. 58	
Versuch		24. 2.—12. 3. 58			31. 3.—16. 4. 58		5. 5.—21. 5. 58			9. 6.—25. 6. 58	
Lebendgewicht	kg	554,5			560		593			595	
CO_2 l		4186 ± 30			3414 ± 18		4458 ± 33			3325 ± 36	
O_2 l		3869 ± 39			3368 ± 22		4112 ± 19			3353 ± 39	
CH_4 l		311 ± 18			235 ± 7		341 ± 4			257 ± 8	
	g N	128,3			116,6		131,5			112,8	
Harn	g C	202,8			175,5		183,6			172,0	
	kcal	1771			1711		1834			1643	
		GF	Zul.	Kot	GF	Kot	GF	Zul.	Kot	GF	Kot
Trockensubstanz	g	7040	2000	2445	7040	2096	7040	3000	2668	7040	2066
Org. Substanz	g	6564	1944	2132	6533	1834	6516	2919	2319	6513	1787
Rohasche	g	476	56	313	507	262	524	81	349	527	279
Rohprotein	g	1226	183	445	1159	362	1166	260	490	1128	377
Rohfett	g	123	51	92	207	84	212	58	97	184	81
Rohfaser	g	1773	137	654	1883	690	1806	238	719	1883	563
NFE	g	3541	1573	941	3284	699	3332	2363	1014	3316	766
N	g	180,0	29,4	71,1	185,4	57,8	186,4	41,7	78,4	180,6	60,3
C	g	3209,1	903,2	1139,1	3221,1	991,0	3218,7	1363,8	1232,9	3195,7	959,0
kcal		31244	8750	11411	31262	9904	31394	13281	12406	31264	9628

Tier / Vers.-Nr.		5/11			5/17		5/23			5/29	
Periode		2			3		4			5	
Vorfütterung		9. 2.—26. 2. 58			16. 3.—31. 3. 58		21. 4.— 7. 5. 58			25. 5.—11. 6 58	
Versuch		27. 2.—15. 3. 58			1. 4.—20. 4. 58		8. 5.—24. 5.58			12. 6.—28. 6. 58	
Lebendgewicht	kg	586			592		636			639	
CO_2 l		4126 ± 42			3295 ± 15		4442 ± 16			3289 ± 22	
O_2 l		3752 ± 41			3133 ± 29		4017 ± 30			3351 ± 34	
CH_4 l		287 ± 20			227 ± 10		366 ± 9			251 ± 2	
	g N	130,6			119,6		137,4			112,7	
Harn	g C	197,2			177,2		199,1			168,1	
	kcal	1994			1754		1893			1193	
		GF	Zul.	Kot	GF	Kot	GF	Zul.	Kot	GF	Kot
Trockensubstanz	g	7040	2000	2185	7040	1897	7040	3000	2711	7040	1987
Org. Substanz	g	6564	1944	1886	6533	1634	6516	2919	2357	6513	1699
Rohasche	g	476	56	299	507	263	524	81	354	527	288
Rohprotein	g	1126	183	408	1159	339	1166	260	495	1128	359
Rohfett	g	123	51	86	207	87	212	58	91	184	79
Rohfaser	g	1773	137	598	1883	529	1806	238	734	1883	550
NFE	g	3541	1573	794	3284	680	3332	2363	1037	3316	711
N	g	180,0	29,4	65,3	185,4	54,3	186,4	41,7	79,2	180,6	57,4
C	g	3209,1	903,2	1017,6	3220,4	892,7	3218,5	1363,8	1255,2	3195,6	914,4
kcal		31244	8750	10245	31262	8977	31394	13281	12631	31264	9222

Tier / Vers.-Nr		7/24			7/30	
Periode		4			5	
Vorfütterung		21. 4.— 7. 5. 58			25. 5.—11. 6. 58	
Versuch		8. 5.—24. 5.58			12. 6.—28. 6. 58	
Lebendgewicht	kg	611			608	
CO_2 l		4352 ± 27			3302 ± 23	
O_2 l		3972 ± 69			3226 ± 40	
CH_4 l		373 ± 4			257 ± 6	
	g N	127,2			123,5	
Harn	g C	179,4			177,0	
	kcal	1744			1750	
		GF	Zul.	Kot	GF	Kot
Trockensubstanz	g	7040	3000	2700	7040	1954
Org. Substanz	g	6516	2919	2343	6513	1692
Rohasche	g	524	81	357	527	262
Rohprotein	g	1166	260	490	1128	355
Rohfett	g	212	58	95	184	79
Rohfaser	g	1806	238	761	1883	536
NFE	g	3332	2363	997	3316	722
N	g	186,4	41,7	78,3	180,6	56,9
C	g	3218,3	1363,8	1245,5	3195,6	917,0
kcal		31394	13281	12550	31264	9239

Versuchsreihe II mit Ochsen

Tier / Vers.-Nr.		2/48		2/56		2/64		2/72		2/80	
Periode		8		9		10		11		12	
Vorfütterung		16. 10.—26. 10. 58		13. 11.—30. 11. 58		18. 12.— 4. 1. 59		22. 1.— 8. 2. 59		26. 2.—15. 3. 59	
Versuch		27. 10.—12. 11. 58		1. 12.—17. 12. 58		5. 1.—21. 1. 59		9. 2.—25. 2. 59		16. 3.— 1. 4. 59	
Lebendgewicht	kg	746		737		764		772		760	
CO_2 l		3504 ± 22		3060 ± 23		4118 ± 17		3792 ± 35		3367 ± 41	
O_2 l		3430 ± 29		3119 ± 53		3780 ± 29		3635 ± 24		3370 ± 40	
CH_4 l		284 ± 7		232 ± 3		316 ± 5		251 ± 8		230 ± 8	
	g N	127,3		114,5		165,4		141,2		106,5	
Harn	g C	205,5		179,6		240,2		219,9		160,1	
	kcal	1847		1550		2284		2007		1544	
		Ration	Kot	Ration	Kot	Ration	Kot	Ration	Kot	Ration	Kot
Trockensubstanz	g	7040	1864	6040	1583	9040	2341	8040	2108	6040	1508
Org. Substanz	g	6408	1453	5474	1246	8266	1865	7339	1716	5499	1205
Rohasche	g	632	411	566	337	774	476	701	392	541	303
Rohprotein	g	1169	339	1044	314	1518	460	1333	416	966	301
Rohfett	g	183	64	162	63	301	82	206	84	150	54
Rohfaser	g	1745	471	1515	366	2363	577	1998	468	1540	387
NFE	g	3313	579	2753	503	4086	747	3800	747	2835	463
N	g	186,8	54,2	167,0	50,2	242,7	73,5	213,4	66,6	154,3	48,1
C	g	3131,3	790,1	2686,8	676,1	4011,5	999,8	3592,5	942,7	2683,8	654,2
kcal		30519	7982	26173	6837	39131	10120	34867	9440	26014	6599

Tier / Vers.-Nr.		4/50		4/58		4/66		4/74		4/82	
Periode		8		9		10		11		12	
Vorfütterung		19. 10.—29. 10. 58		16. 11.— 3. 12. 58		21. 12.— 7. 1. 59		25. 1.—11. 2. 59		1. 3.—18. 3. 59	
Versuch		30. 10.—15. 11. 58		4. 12.—20. 12. 58		8. 1. —24. 1. 59		12. 2.—28. 2. 59		19. 3.— 4. 4. 59	
Lebendgewicht	kg	659		659		690		699		696	
CO_2 l		3376 ± 27		2998 ± 24		3991 ± 24		3654 ± 20		2997 ± 14	
O_2 l		3270 ± 24		2945 ± 23		3707 ± 24		3426 ± 23		2860 ± 27	
CH_4 l		266 ± 21		218 ± 3		331 ± 7		242 ± 9		237 ± 13	
	g N	113,7		113,8		156,3		143,1		107,0	
Harn	g C	179,4		168,2		244,2		223,6		166,9	
	kcal	1622		1704		2266		2047		1574	
		Ration	Kot	Ration	Kot	Ration	Kot	Ration	Kot	Ration	Kot
Trockensubstanz	g	7040	1771	6040	1544	9040	2310	8040	2089	6040	1529
Org. Substanz	g	6408	1465	5474	1244	8266	1909	7339	1710	5499	1236
Rohasche	g	632	306	566	300	774	401	701	379	541	293
Rohprotein	g	1169	351	1044	315	1518	474	1333	433	966	310
Rohfett	g	183	63	162	63	301	90	206	79	150	85
Rohfaser	g	1745	456	1515	396	2363	605	1998	504	1540	361
NFE	g	3313	595	2753	470	4086	740	3800	693	2835	480
N	g	186,8	56,1	167,0	50,3	242,7	75,8	213,4	69,4	154,3	49,5
C	g	3131,6	773,2	2686,6	681,4	4011,7	1021,9	3592,3	929,0	2683,9	666,3
kcal		30519	7798	26173	6846	39131	10335	34867	9219	26014	6749

Tier / Vers.-Nr.		5/51		5/59		5/67		5/75		5/83	
Periode		8		9		10		11		12	
Vorfütterung		2. 11.—12. 11. 58		30. 11.—17. 12. 58		4. 1.—21. 1. 59		8. 2.—25. 2. 59		15. 3.— 1. 4. 59	
Versuch		13. 11.—29. 11. 58		18. 12.— 3. 1. 59		22. 1.— 7. 2. 59		26. 2.—14. 3. 59		2. 4.—18. 4. 59	
Lebendgewicht	kg	673		668		686		711		709	
CO_2 l		3278 ± 35		2911 ± 16		3975 ± 10		3608 ± 24		3014 ± 57	
O_2 l		3141 ± 38		2866 ± 15		3585 ± 10		3313 ± 44		2913 ± 60	
CH_4 l		270 ± 9		231 ± 2		302 ± 20		225 ± 12		211 ± 1	
	g N	123,7		114,1		158,3		142,2		105,1	
Harn	g C	205,6		180,9		255,9		235,3		173,2	
	kcal	1916		1682		2329		2184		1560	
		Ration	Kot	Ration	Kot	Ration	Kot	Ration	Kot	Ration	Kot
Trockensubstanz	g	7040	1713	6040	1889	9040	2303	8040	1999	6040	1602
Org. Substanz	g	6419	1361	5515	1193	8284	1862	7389	1616	5509	1185
Rohasche	g	621	352	525	625	756	441	651	383	531	417
Rohprotein	g	1199	346	1036	315	1504	476	1312	397	978	297
Rohfett	g	199	86	180	65	225	90	236	74	154	63
Rohfaser	g	1757	432	1506	343	2259	567	2052	480	1596	350
NFE	g	3266	497	2794	470	4296	729	3790	665	2782	473
N	g	191,8	55,3	165,6	50,4	240,5	76,2	209,7	63,6	156,6	47,6
C	g	3117,5	743,4	2696,6	651,8	4048,4	1006,9	3588,3	881,6	2697,6	641,6
kcal		30398	7570	26156	6556	39376	10200	34842	8900	26098	6488

Tier / Vers.-Nr.		7/52		7/60		7/68		7/76		7/84	
Periode		8		9		10		11		12	
Vorfütterung		2. 11.—12. 11. 58		30. 11.—17. 12. 58		4. 1.—21. 1, 59		8. 2.—25. 2. 59		15. 3.— 1. 4. 59	
Versuch		13. 11.—29. 11. 58		18. 12.— 3. 1. 59		22. 1.— 7. 2. 59		26. 2.—14. 3. 59		2. 4.—18. 4. 59	
Lebendgewicht	kg	656		656		685		694		689	
CO_2 l		3241 ± 35		2877 ± 16		3966 ± 19		3633 ± 5		3154 ± 16	
O_2 l		3120 ± 36		2842 ± 17		3578 ± 35		3349 ± 15		3136 ± 40	
CH_4 l		251 ± 10		218 ± 2		307 ± 8		224 ± 9		201 ± 2	
	g N	127,5		118,5		161,3		144,9		109,1	
Harn	g C	201,0		183,3		249,2		225,4		172,4	
	kcal	1870		1718		2346		2124		1588	
		Ration	Kot	Ration	Kot	Ration	Kot	Ration	Kot	Ration	Kot
Trockensubstanz	g	7040	1692	6040	1669	9040	2247	8040	2022	6040	1572
Org. Substanz	g	6419	1367	5515	1170	8284	1825	7389	1637	5509	1204
Rohasche	g	621	325	525	499	756	422	651	385	531	368
Rohprotein	g	1199	334	1036	300	1504	459	1312	388	978	291
Rohfett	g	199	79	180	59	225	87	236	80	154	63
Rohfaser	g	1757	433	1506	378	2259	566	2052	518	1596	354
NFE	g	3266	522	2794	432	4296	713	3790	652	2782	496
N	g	191,8	53,5	165,6	48,1	240,5	73,5	209,7	62,1	156,6	46,5
C	g	3117,1	743,3	2696,5	645,1	4049,1	991,8	3588,7	887,7	2697,8	652,5
kcal		30398	7519	26156	6501	39376	9988	34842	8909	26098	6637

Tier / Vers.-Nr.		8/53		8/61		8/69		8/77		8/85	
Periode		8		9		10		11		12	
Vorfütterung		6. 11.—16. 11. 58		4. 12.—21. 12. 58		8. 1.—25. 1. 59		12. 2.— 1. 3. 59		19. 3.— 5. 4. 59	
Versuch		17. 11.— 3. 12. 58		22. 12.— 7. 1. 59		26. 1.—11. 2. 59		2. 3.—18. 3. 59		6. 4.—22. 4. 59	
Lebendgewicht	kg	568		574		769		628		627	
CO_2 l		3317 ± 24		3011 ± 13		4349 ± 48		3720 ± 34		3153 ± 41	
O_2 l		3154 ± 25		2970 ± 39		4129 ± 29		3479 ± 67		3155 ± 59	
CH_4 l		246 ± 9		230 ± 3		295 ± 16		224 ± 9		201 ± 2	
	g N	123,9		109,3		148,5		134,6		105,3	
Harn	g C	209,9		172,1		241,5		211,0		179,4	
	kcal	1854		1617		2150		1973		1639	
		Ration	Kot	Ration	Kot	Ration	Kot	Ration	Kot	Ration	Kot
Trockensubstanz	g	7040	1831	6040	1640	9028	2373	8040	2103	6034	1570
Org. Substanz	g	6419	1426	5515	1287	8273	1949	7389	1669	5504	1229
Rohasche	g	621	405	525	353	755	424	651	434	530	341
Rohprotein	g	1199	347	1036	323	1502	476	1312	405	977	302
Rohfett	g	199	72	180	64	225	93	236	75	154	60
Rohfaser	g	1757	460	1506	389	2256	593	2052	520	1594	371
NFE	g	3266	547	2794	512	4290	786	3790	668	2779	496
N	g	191,8	55,5	165,6	51,7	240,2	76,2	209,7	64,8	156,4	48,4
C	g	3116,5	774,9	2696,5	706,7	4043,2	1055,3	3588,5	914,6	2694,6	658,3
kcal		30398	7776	26156	7103	39324	10626	34842	9154	26072	6603

Tier / Vers.-Nr.		9/54		9/62		9/70		9/78		9/86	
Periode		8		9		10		11		12	
Vorfütterung		6. 11.—16. 11. 58		4. 12.—21. 12. 58		8. 1.—25. 1. 59		12. 2.— 1. 3. 59		19. 3.— 5. 4. 59	
Versuch		17. 11.— 3. 12. 58		22. 12.— 7. 1. 59		26. 1—11. 2. 59		2. 3.—17. 3. 59		6. 4.—22. 4. 59	
Lebendgewicht	kg	764		743		769		774		766	
CO_2 l		3753 ± 24		3417 ± 38		4349 ± 34		4134 ± 65		3791 ± 41	
O_2 l		3822 ± 13		3657 ± 44		4129 ± 16		4088 ± 70		3795 ± 45	
CH_4 l		255 ± 12		242 ± 2		295 ± 5		234 ± 5		254 ± 1	
	g N	132,8		118,1		163,5		136,1		127,0	
Harn	g C	207,8		180,7		251,9		212,0		197,4	
	kcal	1927		1747		2320		1985		1847	
		Ration	Kot	Ration	Kot	Ration	Kot	Ration	Kot	Ration	Kot
Trockensubstanz	g	7040	1746	6040	1492	9040	2287	8040	2070	7040	1826
Org. Substanz	g	6419	1410	5515	1190	8284	1853	7389	1667	6451	1450
Rohasche	g	621	336	525	302	756	434	651	403	589	376
Rohprotein	g	1199	346	1036	306	1504	464	1312	408	1149	360
Rohfett	g	199	79	180	58	225	91	236	77	185	72
Rohfaser	g	1757	455	1506	350	2259	571	2052	507	1748	439
NFE	g	3266	530	2794	477	4296	727	3790	676	3367	579
N	g	191,8	55,3	165,6	48,9	240,5	74,3	209,7	65,2	184,0	57,5
C	g	3116,2	753,7	2696,0	653,0	4048,2	1017,3	3588,4	913,1	3140,1	791,8
kcal		30398	7581	26156	6598	39376	10232	34842	9127	30480	7970

Versuche mit Hammeln

Tier / Vers.-Nr.		1/19		1/5			1/15			1/27		
Periode		6		2			5			8		
Vorfütterung		28. 9.—5. 10. 58		22. 4.— 5. 5. 58			25. 8.— 7. 9. 58			17. 11.—30. 11. 58		
Versuch		6. 10.—19. 10. 58		6. 5.—19. 5. 58			8. 9. —21. 9. 58			1. 12.—14. 12. 58		
Lebendgewicht	kg	72,3		76,3			74,0			76,1		
CO_2 l		385 ± 3		455 ± 3			437 ± 6			481 ± 5		
O_2 l		387 ± 3		431 ± 4			431 ± 6			472 ± 3		
CH_4 l		30 ± 1,1		38 ± 0,8			39 ± 1,8			33 ± 0,4		
	g N	14,0		14,2			14,1			15,6		
Harn	g C	22,8		22,0			20,0			24,9		
	kcal	244		224			234			230		
		GF	Kot	GF	Zul.	Kot	GF	Zul.	Kot	GF	Zul.	Kot
Trockensubstanz	g	806	264	806	200	278	805	200	336	801	300	328
Org. Substanz	g	733,7	228,7	738,6	194,3	242,2	732,8	194,6	297,6	729,5	292,1	288,0
Rohasche	g	72,3	35,3	67,4	5,7	35,8	72,2	5,4	38,4	71,4	7,9	40,0
Rohprotein	g	125,5	39,9	122,0	17,9	41,7	125,4	17,2	49,8	121,8	26,6	57,8
Rohfett	g	29,2	13,8	29,2	4,9	14,4	29,2	4,2	15,5	28,1	5,7	15,3
Rohfaser	g	243,5	64,6	232,8	13,9	64,2	243,2	16,7	75,7	252,9	21,8	78,2
NFE	g	335,4	110,4	354,6	157,6	121,8	335,0	156,4	156,6	326,5	238,1	136,7
N	g	20,1	6,4	19,5	2,9	6,7	20,1	2,8	8,0	19,5	4,3	9,2
C	g	368,2	126,2	368,7	91,1	133,1	367,8	90,4	160,1	363,9	135,1	158,2
kcal		3627	1282	3610	882	1348	3623	871	1628	3556	1308	1625

Tier / Vers.-Nr.			1/23			1/1			1/11			1/9	
Periode			7			1			4			3	
Vorfütterung			25. 10.— 2. 11. 58			25. 3.— 7. 4. 58			28. 7.—10. 8. 58			20. 5.— 2. 6. 58	
Versuch			3. 11.—16. 11. 58			8. 4.—21. 4. 58			11. 8.—24. 8. 58			3. 6.—16. 6. 58	
Lebendgewicht	kg		77,0			76,1			75,6			84,4	
CO_2 l			495 ± 2			544 ± 7			575 ± 6			617 ± 7	
O_2 l			468 ± 5			495 ± 5			533 ± 4			562 ± 5	
CH_4 l			40 ± 0,4			43 ± 1,6			48 ± 1,2			57 ± 1,7	
	g N		14,7			14,5			24,4			16,5	
Harn	g C		26,4			19,1			24,2			25,6	
	kcal		195			209			241			22,1	
		GF	Zul.	Kot	GF	Zul.	Kot	GF	Zul.	Kot	GF	Zul.	Kot
Trockensubstanz	g	806	400	355	806	500	330	806	600	433	697	700	330
Org. Substanz	g	734,2	389,0	316,3	738,6	450	289,1	733,7	583,7	387,2	638,0	680,0	287,9
Rohasche	g	71,8	11,0	38,7	67,4	437,1	40,9	72,3	16,3	45,8	59,0	20,1	42,1
Rohprotein	g	122,5	34,6	52,8	122,0	12,9	51,6	125,5	51,7	64,7	105,4	62,7	53,0
Rohfett	g	28,3	7,8	14,6	29,2	11,0	18,8	29,2	12,5	19,3	25,2	17,2	16,2
Rohfaser	g	254,2	31,1	78,8	232,8	31,2	76,1	243,5	50,1	91,6	201,1	48,6	75,7
NFE	g	329,1	315,5	170,0	354,6	354,6	142,6	335,4	469,3	211,6	306,3	551,6	143,0
N	g	19,6	5,5	8,4	19,5	6,5	8,3	20,1	8,3	10,3	16,9	10,1	8,5
C	g	366,2	180,8	167,8	368,6	204,9	157,7	368,1	211,3	203,3	318,6	318,8	155,6
kcal		3578	1770	1705	3610	1984	1598	3627	2613	2046	3118	3086	1588

Tier / Vers.-Nr.		2/20		2/6			2/16			2/2		
Periode		6		2			5			1		
Vorfütterung		28. 9.— 5. 10. 58		22. 4.— 5. 5. 58			25. 8.— 7. 9. 58			25. 3.— 7. 4. 58		
Versuch		6. 10.—19. 10. 58		6. 5.—19. 5. 58			8. 9.—21. 9. 58			8. 4.—21. 4. 58		
Lebendgewicht	kg	69,7		68,7			70,6			68,5		
CO_2 l		381 ± 3		457 ± 2			443 ± 3			538 ± 6		
O_2 l		387 ± 2		440 ± 7			422 ± 5			499 ± 6		
CH_4 l		29 ± 0,9		38 ± 0,8			39 ± 1,6			43 ± 2,2		
	g N	11,5		13,5			13,5			15,0		
Harn	g C	17,7		20,0			20,0			23,5		
	kcal	199		205			205			245		
		GF	Kot	GF	Zul.	Kot	GF	Zul.	Kot	GF	Zul.	Kot
Trockensubstanz	g	806	274	806	200	290	804	200	313	801	450	356
Org. Substanz	g	733,7	239,5	738,6	194,3	254,8	731,8	194,6	276,2	734,0	437,1	313,2
Rohasche	g	72,3	34,5	67,4	5,7	35,2	72,2	5,4	36,8	67,0	12,9	42,8
Rohprotein	g	125,5	41,5	122,0	17,9	42,1	125,2	17,2	46,0	121,2	40,3	56,3
Rohfett	g	29,2	14,2	29,2	4,9	13,2	29,1	4,2	14,5	29,0	11,0	16,2
Rohfaser	g	243,5	70,8	232,8	13,9	76,4	242,9	16,7	81,9	231,3	31,2	93,5
NFE	g	335,4	113,1	354,6	157,6	123,1	334,6	156,4	133,8	352,4	354,6	147,2
N	g	20,1	6,6	19,5	2,9	6,7	20,0	2,8	7,4	19,4	6,5	9,0
C	g	367,6	132,0	368,7	91,1	138,4	366,8	90,4	149,7	365,8	204,9	169,7
kcal		3627	1345	3610	882	1403	3618	871	1521	3587	1984	1707

Tier / Vers.-Nr.		2/12			2/10			5/39			5/31		
Periode		4			3			5			3		
Vorfütterung		28. 7.—10. 8. 58			20. 5.— 2. 6. 58			23. 2.— 8. 3. 59			2. 12.—11. 1. 59		
Versuch		11. 8.—24. 8. 58			3. 6.—16. 6. 58			9. 3.—22. 3. 59			12. 1.—25. 1. 59		
Lebendgewicht	kg	69,7			72,4			55,0			52,7		
CO_2 l		563 ± 4			593 ± 9			393 ± 3			417 ± 6		
O_2 l		515 ± 7			553 ± 5			376 ± 7			393 ± 7		
CH_4 l		46 ± 1,3			53 ± 1,1			31 ± 0,4			35 ± 0,9		
	g N	15,9			15,5			13,0			13,8		
Harn	g C	24,2			24,6			20,3			21,9		
	kcal	218			245			218			237		
		GF	Zul.	Kot	GF	Zul.	Kot	GF	Zul.	Kot	GF	Zul.	Kot
Trockensubstanz	g	784	600	380	750	684	383	806	100	353	805	200	371
Org. Substanz	g	713,5	583,7	335,5	686,9	664,4	338,0	727,7	97,4	310,5	733,3	194,6	327,4
Rohasche	g	70,5	16,3	44,5	63,1	19,6	45,0	78,3	2,6	42,5	71,7	5,6	43,6
Rohprotein	g	122,1	51,7	60,3	113,5	61,3	59,9	125,0	8,9	56,3	122,4	17,4	59,8
Rohfett	g	28,4	12,5	17,3	27,2	16,8	16,7	29,0	1,9	22,1	28,3	3,8	20,3
Rohfaser	g	236,8	50,1	94,2	216,5	47,4	98,4	239,6	7,3	84,9	253,9	15,6	83,3
NFE	g	326,2	469,3	163,6	329,8	538,9	163,0	334,0	79,4	147,2	328,7	157,8	164,1
N	g	19,5	8,3	9,7	18,2	9,8	9,6	20,0	1,4	9,0	19,6	2,8	9,6
C	g	357,5	211,3	177,6	342,2	311,5	179,2	362,3	45,0	170,0	364,9	90,4	177,9
kcal		3527	2613	1793	3358	3015	1809	3574	436	1741	3574	886	1817

Tier / Vers.-Nr.			5/29			5/25			5/43			6/40	
Periode			2			1			6			5	
Vorfütterung			1. 12.—14. 12. 58			3. 11.—16. 11. 58			23. 3.— 5. 4. 59			23. 2.— 8. 3. 59	
Versuch			15. 12.—28. 12. 58			17. 11.—30. 11. 58			6. 4.—19. 4. 59			9. 3.—22. 3. 59	
Lebendgewicht	kg		52,7			51,5			60,2			53,0	
CO_2 l			442 ± 3			487 ± 5			548 ± 6			375 ± 3	
O_2 l			403 ± 4			444 ± 3			499 ± 5			349 ± 5	
CH_4 l			42 ± 0,4			45 ± 0,8			31,03			31 ± 0,4	
	g N		14,2			14,4			11,9			12,2	
Harn	g C		22,6			22,9			20,9			19,8	
	kcal		236			239			222			207	
		GF	Zul.	Kot	GF	Zul.	Kot	GF	Zul.	Kot	GF	Zul.	Kot
Trockensubstanz	g	806	300	400	806	400	432	792	600	467	805	100	348
Org. Substanz	g	734,2	292,1	354,4	734,2	389,0	384,0	714,9	584,6	418,7	726,8	97,4	307,0
Rohasche	g	71,8	7,9	45,6	71,8	11,0	48,0	77,1	15,4	48,3	78,2	2,6	41,0
Rohprotein	g	122,5	26,6	62,8	122,5	34,6	65,4	122,9	53,0	73,6	124,9	8,9	56,6
Rohfett	g	28,3	5,7	21,9	28,3	7,8	19,1	28,5	11,8	23,5	29,0	1,9	21,9
Rohfaser	g	254,2	21,8	95,8	254,2	31,1	109,1	235,4	37,3	116,0	239,3	7,3	86,5
NFE	g	329,1	238,1	173,9	329,1	315,5	190,5	328,2	482,6	205,5	333,5	79,4	142,1
N	g	19,6	4,3	10,0	19,6	5,5	10,5	19,7	8,5	11,8	20,0	1,4	9,0
C	g	365,4	135,1	192,4	365,5	180,8	204,8	356,1	271,4	221,5	361,9	45,0	169,4
kcal		3578	1308	1943	3578	1770	2070	3512	2630	2232	3570	436	1725

Tier / Vers.-Nr.		6/32			6/30			6/26			6/36		
Periode		3			2			1			4		
Vorfütterung		29. 12.—11. 1. 59			1. 12.—14. 12. 58			3. 11.—16. 11. 58			26. 1. — 8. 2. 59		
Versuch		12. 1.—25. 1. 59			15. 12.—28. 12. 58			17. 11.—30. 11. 58			9. 2.—22. 2. 59		
Lebendgewicht	kg	48,9			48,7			47,9			54,0		
CO_2 l		398 ± 3			444 ± 3			458 ± 4			531 ± 6		
O_2 l		377 ± 3			398 ± 3			413 ± 4			480 ± 5		
CH_4 l		34 ± 1,2			42 ± 0,5			43 ± 0,9			39 ± 0,5		
	g N	12,1			13,4			13,4			12,1		
Harn	g C	19,5			22,4			21,2			22,3		
	kcal	220			226			233			236		
		GF	Zul.	Kot	GF	Zul.	Kot	GF	Zul.	Kot	GF	Zul.	Kot
Trockensubstanz	g	805	200	373	806	300	424	806	400	454	806	500	427
Org. Substanz	g	733,3	194,6	331,5	734,2	292,1	376,0	734,2	389,0	404,8	734,2	486,4	374,4
Rohasche	g	71,7	5,6	41,5	71,8	7,9	48,0	71,8	11,0	49,2	71,8	13,6	52,6
Rohprotein	g	122,4	17,4	60,6	122,5	26,6	65,7	122,5	34,6	70,1	122,5	43,1	68,6
Rohfett	g	28,3	3,8	18,7	28,3	5,7	22,4	28,3	7,8	19,6	28,3	10,4	18,9
Rohfaser	g	253,9	15,6	84,9	254,2	21,8	96,3	254,2	31,1	109,0	254,2	41,8	94,2
NFE	g	328,7	157,8	167,4	329,1	238,1	191,5	329,1	315,5	206,1	329,1	391,1	192,7
N	g	19,6	2,8	9,7	19,6	4,3	10,5	19,6	5,5	11,2	19,6	6,9	11,0
C	g	364,9	90,4	180,6	365,4	135,1	201,4	365,4	180,8	215,3	365,5	226,1	200,7
kcal		3574	886	1834	3578	1308	2063	3578	1770	2180	357,8	2178	2016

Tier / Vers.-Nr.		6/44			7/45		7/49		7/37		
Periode		6			4		5		2		
Vorfütterung		23. 3.— 5. 4. 59			6. 4.—15. 4. 59		29. 4.—10. 5. 59		9. 2.—22. 2. 59		
Versuch		6. 4.—19. 4. 58			16. 4.—28. 4. 59		11. 5.—24. 5. 59		23. 2.— 8. 3. 59		
Lebendgewicht	kg	58,7			55,9		49,4		52,0		
CO_2 1		552 ± 5			370 ± 4		393 ± 2		436 ± 5		
O_2 1		500 ± 6			353 ± 5		388 ± 5		401 ± 9		
CH_4 1		29 ± 1,5			29 ± 0,3		25 ± 0,3		32 ± 0,4		
	g N	12,4			11,3		9,9		11,3		
Harn	g C	22,8			23,8		21,4		22,3		
	kcal	233			213		191		207		
		GF	Zul.	Kot	GF	Kot	GF	Kot	GF	Zul.	Kot
Trockensubstanz	g	804	600	436	799	230	806	243	804	200	274
Org. Substanz	g	725,9	584,6	391,5	724,9	192,7	724,2	200,5	723,9	194,5	230,3
Rohasche	g	78,1	15,4	44,5	74,1	37,3	81,8	42,5	80,1	5,5	43,7
Rohprotein	g	124,7	53,0	69,8	109,5	39,2	107,7	37,7	109,3	17,3	45,0
Rohfett	g	29,0	11,8	23,6	26,0	11,8	26,2	10,5	26,0	3,9	12,2
Rohfaser	g	239,0	37,3	93,5	263,7	57,0	255,4	58,5	263,4	15,6	65,2
NFE	g	333,2	482,6	204,7	325,6	84,7	334,9	93,9	325,2	157,8	107,9
N	g	20,0	8,5	11,2	17,5	6,3	17,2	6,0	17,5	2,8	7,2
C	g	361,5	271,4	208,2	359,4	105,3	358,5	109,3	359,0	90,4	124,4
kcal		3565	2630	2112	3489	1069	3474	1110	3485	885	1257

Tier / Vers.-Nr.		7/33			7/41			8/46		8/50	
Periode		1			3			4		5	
Vorfütterung		12. 1.—25. 1. 59			9. 3.—22. 3. 59			6. 4.—15. 4. 59		29. 4.—10. 5. 59	
Versuch		26. 1.— 8. 2. 59			23. 3.— 5. 4. 59			16. 4.—28. 4. 59		11. 5.—24. 5. 59	
Lebendgewicht	kg	50,7			56,4			54,0		50,1	
CO_2 l		499 ± 10,4			556 ± 6			363 ± 3		388 ± 3	
O_2 l		439 ± 6			488 ± 7			341 ± 6		384 ± 13	
CH_4 l		39 ± 0,2			31 ± 1,3			28 ± 0,3		26 ± 0,3	
	g N	12,4			12,1			9,7		8,5	
Harn	g C	23,7			23,1			21,6		19,0	
	kcal	222			226			186		178	
		GF	Zul.	Kot	GF	Zul.	Kot	GF	Kot	GF	Kot
Trockensubstanz	g	804	400	325	793	600	370	800	226	806	241
Org. Substanz	g	723,9	389,8	275,4	714,0	584,6	318,9	725,8	189,4	724,2	198,9
Rohasche	g	80,1	10,2	49,6	79,0	15,4	51,1	74,2	36,6	81,8	42,1
Rohprotein	g	109,3	35,4	51,0	107,8	53,0	58,3	109,6	38,6	107,7	39,6
Rohfett	g	26,0	7,8	14,3	25,7	11,7	17,9	26,1	11,1	26,2	12,5
Rohfaser	g	263,4	24,9	80,3	259,8	37,3	94,2	264,1	55,0	255,4	57,1
NFE	g	325,2	321,7	129,8	320,7	482,6	148,6	326,0	84,8	334,9	89,6
N	g	17,5	5,6	8,2	17,2	8,5	9,3	17,5	6,2	17,2	6,3
C	g	359,0	180,9	147,1	354,1	271,4	167,6	359,9	103,6	358,5	109,4
kcal		3485	1753	1486	3457	2630	1672	3494	1048	3474	1108

Tier / Vers.-Nr.		8/38			8/34			8/42		
Periode		2			1			3		
Vorfütterung		9. 2.—22. 2. 59			12. 1.—25. 1. 59			9. 3.—22. 3. 59		
Versuch		23. 2.— 8. 3. 59			26. 1.— 8. 2. 59			23. 3.— 5. 4. 59		
Lebendgewicht	kg	49,8			48,1			54,8		
CO_2 l		432 ± 5			498 ± 4			548 ± 4		
O_2 l		395 ± 2			423 ± 3			463 ± 5		
CH_4 l		31 ± 0,5			38 ± 0,8			31 ± 1,1		
	g N	10,7			11,8			12,3		
Harn	g C	21,9			22,9			22,1		
	kcal	204			213			223		
		GF	Zul.	Kot	GF	Zul.	Kot	GF	Zul.	Kot
Trockensubstanz	g	804	200	267	804	400	311	750	600	352
Org. Substanz	g	723,9	194,5	224,0	723,9	389,8	263,1	675,0	584,6	305,1
Rohasche	g	80,1	5,5	43,0	80,1	10,2	47,9	75,0	15,4	46,9
Rohprotein	g	109,3	17,3	44,2	109,3	35,4	54,2	101,9	53,0	59,0
Rohfett	g	26,0	3,9	11,7	26,0	7,8	13,6	24,3	11,7	16,7
Rohfaser	g	263,4	15,6	64,0	263,4	24,9	75,6	245,6	37,3	89,3
NFE	g	325,2	157,8	104,1	325,2	321,7	119,7	303,2	482,6	140,2
N	g	17,5	2,8	7,1	17,5	5,6	8,7	16,3	8,5	9,4
C	g	359,0	90,4	121,6	359,0	180,9	141,3	334,8	271,4	160,0
kcal		3485	885	1230	3485	1753	1419	3249	2630	1618

Aus dem Institut für Tierernährung der Forschungsanstalt für Landwirtschaft,
Braunschweig-Völkenrode
(Direktor: Prof. Dr. K. RICHTER)

K. RICHTER, K. L. CRANZ und *J. ANTONI*

Untersuchungen über die Wirkung einer Zulage von Alphaaminobuttersäure bei der Kartoffel- und Getreidemast junger Schweine

Versuche mit Geflügel ließen einen Einfluß der im Eiweißstoffwechsel von Tieren auftretenden Alphaaminobuttersäure (ABS) hinsichtlich der Aufwertung von biologisch nicht vollwertigem Eiweiß vermuten. WITT und SCHROEDER [1] fanden auch bei jungen Schweinen in Getreidemast eine besonders günstige Auswirkung von ABS als Ergänzung zu extrahiertem Sojaschrot verschiedenartiger Aufbereitung. Da die Frage der Versorgung mit hochwertigem Eiweiß für alle jungen, wachsenden Tiere in intensiver Fütterung von besonderer Bedeutung für deren Entwicklung, die Futterverwertung und damit auch für die Wirtschaftlichkeit der Fütterung ist, nahmen wir Veranlassung, die Wirkung einer Zulage von ABS unter verschiedenen Fütterungsbedingungen sowohl bei der Kartoffelmast als auch bei der Getreidemast junger Schweine zu untersuchen.*)

A. Kartoffelmast

Der nachstehend beschriebene Mastversuch wurde mit 48 Ferkeln eigener Zucht des veredelten Landschweines durchgeführt, die nach Abstammung, Alter, Geschlecht und Gewicht möglichst gleichmäßig auf 6 Gruppen verteilt wurden. Die Fütterung erfolgte so, daß neben bis zur Sättigung verfütterten, frischen bzw. eingesäuerten, gedämpften Kartoffeln als Beifutter zunächst 1,0 kg, von der 5. Versuchswoche ab 1,5 kg Kraftfutter verabreicht wurden.

Aus der Übersicht 1 ist neben der Zusammensetzung des Beifuttergemisches zu ersehen, daß in den Gruppen I und II je Tier und Tag 100 g, in III und IV je Tier 25 g Fischmehl zur Verfütterung kamen, während die Eiweißergänzung in den Gruppen V und VI ausschließlich aus pflanzlichem Eiweiß in Form von dampferhitztem (getoastetem) Sojaschrot bestand. In den Gruppen II, IV und VI erfolgte ein Zusatz von je Tier und Tag 10 g einer Vormischung mit 50% ABS.

Für die Tiere der Gruppen III–IV wurde wegen der niedrigen bzw. fehlenden Fischmehlgaben eine Mineralstoff- und Vitaminergänzung notwendig. Nach anfänglicher Verfütterung einer Mineralstoffmischung nach dem DLG-Standard IIa erschien hierüber eine ausreichende Versorgung der Schweine nicht gewährleistet, so daß von der 6. Versuchswoche an eine Mischung aus: 30% kohlens. Kalk,

*) Die benötigten Mengen ABS wurden uns dankenswerterweise von den Farbenfabriken Bayer-Leverkusen überlassen.

59,5% phosphors. Kalk, 10% Kochsalz und 0,5% Spurenelementen (Fe:Cu:Mn = 5:1:2) verabreicht wurde.

Übersicht 1. *Zusammensetzung des Beifutters je Tier und Tag in g*

	1.—4. Versuchswoche						ab 5. Versuchswoche					
Gruppe	I	II	III	IV	V	VI	I	II	III	IV	V	VI
Gerstenschrot	620	610	580	570	570	560	950	940	905	895	890	880
Fischmehl, vitam.*)	100	100	25	25	—	—	100	100	25	25	—	—
Sojaschrot, extrah. dampferhitzt	170	170	275	275	310	310	190	190	300	300	340	340
Tapiokamehl	100	100	100	100	100	100	250	250	250	250	250	250
Mineralstoff-mischung	10	10	20	20	20	20	10	10	20	20	20	20
Rovimix**)	—	—	1	1	1	1	—	—	1	1	1	1
ABS (50%)	—	10	—	10	—	10	—	10	—	10	—	10

*) 1 kg Fischmehl = 80 000 I. E. Vitamin A, 16 000 I. E. Vitamin D_3

**) 1 g Rovimix = 10 000 I. E. Vitamin A, 1 000 I. E. Vitamin D_3

Die verschiedenen Bestandteile der Mineralstoffmischung sowie das Vitaminpräparat und ABS wurden nach maschineller Vormischung mit dem Tapiokamehl des Kraftfuttergemisches den übrigen Futtermitteln beigemischt.

Sämtliche während des Versuches verfütterten Futtermittel wurden im Laboratorium der FAL untersucht mit dem in Übersicht 2 dargelegten Ergebnis.

Übersicht 2. *Zusammensetzung und Nährstoffgehalt der Futtermittel*

	Trock.-Subst. %	Roh-protein %	Roh-fett %	Roh-faser %	Roh-asche %	N-freie E.-St. %	Na Cl %	verd. Eiweiß %	Ges.-nährst. %
Fischmehl, vitaminiert	90,17	59,60	7,22	0,59	21,69	1,07	2,81	54,83	66,62
Sojaschrot, extrah. dampferhitzt	87,84	45,37	0,81	5,55	5,78	30,33	—	41,29	73,65
Gerste	86,85	10,30	1,75	4,35	2,77	67,68	—	7,93	70,51
Tapiokamehl	87,84	1,92	0,35	2,37	1,71	81,49	—	1,30	83,98
frisch gedämpfte Kartoffeln[1])	20,74	2,45	0,08	0,67	1,44	16,10	—	1,67	17,87
Sauerkartoffeln[2])	22,29	2,29	0,08	0,91	1,56	17,45	—	1,40	18,95

[1]) Mittel aus 5 Proben.

[2]) Mittel aus 10 Proben.

Bei täglicher Einwaage des Futters wurde zweimal am Tage nach vorherigem Tränken der Tiere gefüttert. Die Gewichtskontrolle der einzelnen Schweine erfolgte wöchentlich. Abgesehen davon, daß in Gruppe V zwei Tiere in der 4. und der 14. Versuchswoche wegen ungenügender Entwicklung ausschieden und ein weiteres Tier in der 14. Woche ohne feststellbare Ursache verendete, verlief der Versuch ohne weitere Störungen. Da bis auf die Gruppe V die Versuchstiere innerhalb der Gruppen ein gleichartiges Verhalten zeigten, sind in der nachfolgenden Übersicht 3 die Gewichtsentwicklung, der tägliche Futterverzehr und die Futterverwertung, auf ein Durchschnittstier jeder Gruppe berechnet, zusammengefaßt dargestellt.

Übersicht 3. *Gewichtsentwicklung, Futteraufnahme und Futterverwertung eines Durchschnittstieres*

Gruppe	I	II	III	IV	V	VI
			Gewichtsentwicklung			
Anfangsgewicht kg	25,3	25,3	25,3	25,3	27,0	26,3
Endgewicht kg	109,5	108,5	106,3	105,6	112,4	104,0
Gesamtzunahme kg	84,2	83,2	81,0	80,3	85,4	77,7
tägliche Zunahme g	658	635	614	598	619	582
Anzahl der Tiere	8	8	8	8	5	8
Dauer Tage	128	131	132	135	138	133
			Tägliche Futter- und Nährstoffaufnahme in g			
Kartoffeln	4492	4541	4064	4118	4159	3945
Gerstenschrot . . .	878	869	836	827	809	813
Fischmehl	100	100	25	25	—	—
Sojaschrot	186	186	295	295	332	334
Tapiokamehl . . .	217	218	218	219	212	219
Mineralstoffmischung	10	10	20	20	20	20
Rovimix	—	—	1	1	1	1
ABS (50%)	—	10	—	10	—	10
verdaul. Eiweiß . .	269	269	263	263	268	269
Gesamtnährstoff . .	1894	1855	1771	1774	1759	1750
			Nährstoffaufwand je 100 kg Zuwachs in kg			
verdaul. Eiweiß . .	40,8	42,4	42,8	44,0	43,3	46,3
Gesamtnährstoff . .	281	292	288	297	284	301

Übersicht 3 läßt erkennen, daß die Zulage von 10 g ABS (50%) zu einem Beifutter mit 100 g vitaminiertem Fischmehl weder in der täglichen Gewichtszunahme noch in der Futterverwertung eine positive Auswirkung zeitigte. Die gleiche Zulage von ABS zu einem Beifutter mit nur 25 g Fischmehl in Gruppe IV hatte im Vergleich zu Gruppe III wider Erwarten ebenfalls keinen positiven Einfluß. Sowohl die durchschnittliche Tageszunahme als auch die Futterverwertung lagen im Gegenteil in der Versuchsgruppe IV im Durchschnitt ungünstiger als die Werte der Gruppe III.

An die Tiere der Gruppen V und VI wurde ein Beifutter ohne Eiweißfutter tierischer Herkunft verfüttert. Das Eiweißbeifutter bestand hier ausschließlich aus dampferhitztem (getoastetem), extrahiertem Sojaschrot. Wenn auch ein Vergleich dieser beiden Gruppen untereinander wegen der Ausfälle in V kaum möglich ist, so kann vielleicht die Tatsache, daß in Gruppe VI Störungen gleicher Art nicht zu verzeichnen waren, als ein günstiger Einfluß der ABS-Ergänzung gewertet werden. Hinsichtlich der Gewichtsentwicklung und der Futterverwertung konnte jedoch eine Auswirkung nicht festgestellt werden, da sowohl die tägliche Durchschnittszunahme als auch die Futterverwertung in Gruppe VI ungünstiger lagen als in allen anderen Versuchsgruppen.

Zur Kennzeichnung der Schlachtkörpergüte wurden je Gruppe 5 Tiere im eigenen Versuchsschlachthaus ausgeschlachtet *) mit dem in Übersicht 4 für ein Durchschnittstier dargestellten Ergebnis. Neben den üblichen Gewichtsfeststellungen wurden Schlachtlänge, Rückenspeckdicke aus 5 Maßen, Flomengewicht, Stärke des Lendenmuskels und Rückenmuskelfläche ermittelt. Die Werte für das Verhältnis von Fleisch : Fett wurden aus der planimetrisch erfaßten Querschnittfläche des langen Rückenmuskels und der darüber befindlichen Speckfläche hinter der 13. Rippe abgeleitet. Die Schnittführung erfolgte nach den Richtlinien für die Ausschlachtung in den Mastprüfungsanstalten.

Übersicht 4. *Mittlere Ausschlachtungsergebnisse*

Gruppe	n	Lebendgew. kg	Schlachtgew. (warm) kg	Schlachtverl. (warm) %	Kühlverlust %	Schlacht-länge cm	Rücken-speckdicke cm	Flomen kg	Lenden-muskel cm	Rückenmus-kelfläche cm²	Verhältnis Fleisch : Fett 1 :
I	5	110,6	90,4	18,3	2,2	94,9	4,7	2,76	7,0	32,9	1,44
II (+ABS)	5	110,4	90,4	18,1	2,7	94,7	4,9	2,54	7,1	30,3	1,51
III	5	110,2	89,3	18,9	2,8	95,3	4,7	2,46	7,5	33,8	1,27
IV (+ABS)	5	109,6	88 8	19,0	3,0	93,9	4,6	2,71	6,9	30,8	1,41
V	5	112,4	90,0	19,9	3,1	94,9	4,9	2,66	6,8	29,7	1,66
VI (+ABS)	5	107,8	87,0	19,3	3,0	94,3	4,8	2,55	7,2	31,8	1,34

Die Schlachtausbeute war in den zu vergleichenden Gruppenpaaren praktisch gleich. Auch die Dicke des Rückenspeckes war in allen 6 Gruppen mit 4,6 bis 4,9 cm nur wenig unterschiedlich. In dem heute besonders bedeutungsvollen Verhältnis von Fleisch :Fett ließ sich ebenfalls kein repräsentativer Unterschied

*) In beiden Versuchen unter Mitarbeit von K.-H. SCHMIDT.

im Vergleich der Gruppen ohne und mit Zulage von ABS ermitteln. Die individuellen Unterschiede innerhalb der Gruppen waren hier gleichartig und im übrigen wesentlich größer als der Durchschnitt der Gruppen untereinander.

Aus dem Ergebnis dieses Versuches glauben wir, den Schluß ziehen zu sollen, daß bei der Kartoffelmast wachsender Schweine, die neben frischen oder eingesäuerten, gedämpften Kartoffeln 1,5 kg Beifutter für die Hacksruchtmast in der üblichen Zusammensetzung oder auch mit dampferhitztem (getoastetem), extrahiertem Sojaschrot als alleinigem Eiweißfutteranteil erhalten, eine Zulage von ABS einen besonderen Erfolg nicht erwarten läßt.

B. Getreidemast

Für diesen Versuch wurden 38 Ferkel des veredelten Landschweines nach Abstammung, Geschlecht und Gewicht möglichst gleichmäßig auf 5 Gruppen zu je 7 bzw. 8 Tieren verteilt und *in Einzelfütterung* gemästet. Folgender Versuchsplan wurde zugrunde gelegt:

Gruppe I: Getreideschrot + 100 g Fischmehl + Sojaschrot

Gruppe II: Getreideschrot + 25 g Fischmehl + Sojaschrot + Vitamin- und Mineralstoffausgleich

Gruppe III: Getreideschrot + 25 g Fischmehl + Sojaschrot + Vitamin- und Mineralstoffausgleich + ABS (50%)

Gruppe IV: Getreideschrot ohne Fischmehl + Sojaschrot + Vitamin- und Mineralstoffausgleich + ABS (50%)

Das Grundfuttergemisch hatte für alle Gruppen in den einzelnen Mastabschnitten folgende Zusammensetzung:

	Anfangs- %	Mittel- %	Endmast %
Gerstenschrot	50	40	30
Haferschrot	10	20	30
Roggenschrot	20	20	20
Tapiokamehl	20	20	20
verdauliches Eiweiß	6,6	6,7	6,8
Gesamtnährstoff	72,8	72,3	71,8

Übersicht 5 gibt Aufschluß über die Eiweißfutterversorgung und den Ausgleich an Vitaminen und Mineralstoffen in den drei Versuchsabschnitten. Zinkkarbonat wurde in der Anfangsmast vorbeugend gegen Parakeratose verabreicht.

Die Futterzuteilung erfolgte zweimal täglich dickbreiig in einer Menge, die die Aufnahme innerhalb $^1/_2$ Stunde gewährleistete, wobei die Höchstmenge des Grundfuttergemisches auf 3,1 kg begrenzt wurde.

Die Gewichtsentwicklung wurde durch wöchentliche Wägung der einzelnen Tiere verfolgt. Der Versuch begann für das einzelne Tier jeweils mit einem Gewicht von 25 kg. Bei einem Endgewicht von rund 110 kg wurden die Schweine im eigenen Schlachthaus zur Feststellung der Qualität ausgeschlachtet.

Übersicht 5. *Eiweißfutteraufnahme, Mineralstoff- und Vitaminergänzung je Tier und Tag in den einzelnen Mastabschnitten*

Gruppe	I			II			III			IV			V		
*A*nfangs-, *M*ittel-, *E*ndmast	A g	M g	E g	A g	M g	E g	A g	M g	E g	A g	M g	E g	A g	M g	E g
Fischmehl, vitaminiert[1])	100	100	100	25	25	25	25	25	25	—	—	—	—	—	—
Sojaschrot, extrah., dampferhitzt	155	135	110	260	230	195	260	230	195	295	265	225	295	265	225
Mineralstoffmischung[2])	7	7	7	17	17	17	17	17	17	22	22	22	22	22	22
„ + Kobaltsulfat[3])	3	3	3	3	3	3	3	3	3	3	3	3	3	3	3
Zinkkarbonat	0,3	—	—	0,3	—	—	0,3	—	—	0,3	—	—	0,3	—	—
Kochsalz	—	—	—	5	5	5	5	5	5	5	5	5	5	5	5
Rovimix[4])	—	—	—	1,2	1,2	1,2	1,2	1,2	1,2	1,6	1,6	1,6	1,6	1,6	1,6
ABS (50%)	—	—	—	—	—	—	8	10	12	—	—	—	8	10	12

[1]) je 1 kg Fischmehl = 80000 I. E. Vitamin A
16000 I. E. Vitamin D_3

[2]) 70% kohlens. + 30% phosphors. Kalk.

[3]) 0,005 g Kobaltsulfat.

[4]) 1,2 g enthielten 12000 I. E. Vitamin A
1200 I. E. Vitamin D_3.

Übersicht 6. *Zusammensetzung und Nährstoffgehalt der Futtermittel*

	Trock.-Subst. %	Roh-protein %	Roh-fett %	Roh-faser %	Roh-asche %	N-freie E.-St. %	verd. Eiweiß %	Ges.-Nährst. %
Gerstenschrot	87,47	9,03	1,57	5,27	2,74	68,86	7,0	70,5
Haferschrot	86,99	11,38	4,62	7,02	2,71	61,26	9,5	65,2
Roggenschrot	85,53	8,61	1,29	1,85	1,46	72,32	7,2	76,9
Tapiokamehl	88,04	1,48	0,49	2,14	2,21	81,72	1,0	83,8
Fischmehl, vitam.	86,84	58,85	7,74	0,70	18,96	0,59	54,1	68,8
Sojaschrot, extrah., dampferhitzt	85,03	43,12	1,40	5,34	5,86	29,31	39,2	70,7

Alle während des Versuches verfütterten Futtermittel wurden im Laboratorium der FAL auf ihre Zusammensetzung und ihren Nährstoffgehalt mit dem in Übersicht 6 dargelegten Ergebnis untersucht.

Bei Betrachtung der Einzelwerte der Versuchstiere ergab sich, daß die Streuung innerhalb der einzelnen Gruppen z. B. in bezug auf die tägliche Gewichtszunahme, die Aufnahme an Gesamtnährstoff je Tier und Tag und dementsprechend auch bezüglich der Futterverwertung ziemlich gleichartig war. In jeder Gruppe befanden sich einige Tiere, die wesentlich über dem Durchschnitt lagen, jedoch auch einzelne, die den Durchschnitt erheblich unterboten. Aus der Beurteilung dieser Einzelwerte ließ sich die Möglichkeit ableiten, ohne Beeinträchtigung des Wertes des Versuchsergebnisses die Gewichtsentwicklung, den täglichen Futterverzehr sowie die Futterverwertung für ein Durchschnittstier jeder Gruppe zusammengefaßt darzustellen. Die entsprechenden Werte finden sich in der nachfolgenden Übersicht 7.

Die außerhalb des eigentlichen Vergleiches stehende sogenannte Standardgruppe I mit 100 g Fischmehl je Tier und Tag ohne Ergänzung durch ABS ergab eine normale Entwicklung der Versuchstiere. Bei einer täglichen Aufnahme an Gesamtnährstoff von im Mittel 1,74 kg ergab sich eine Verwertungszahl, ausgedrückt im Aufwand an Gesamtnährstoff je 100 kg Zuwachs, von 277.

In den Gruppen II und III mit 25 g Fischmehl je Tier täglich führte die Zulage von ABS in III bei einheitlichem Verhalten aller Tiere zu einer Steigerung der täglichen Gewichtszunahme. Wie die Aufstellung ausweist, erstreckte sich diese positive Auswirkung von ABS vor allem auf den ersten und zweiten Mastabschnitt, mithin bis zu einem Gewicht der Tiere von etwa 70 kg, während in der Endmast von 70–110 kg die Gewichtszunahmen in beiden Gruppen übereinstimmten. Bei annähernd gleicher Aufnahme an verdaulichem Eiweiß und an Gesamtnährstoff je Tier und Tag war infolge der höheren durchschnittlichen Gewichtszunahme die Verwertungszahl mit 284 in Gruppe III günstiger als mit 295 in II ohne ABS.

Übersicht 7. *Gewichtsentwicklung, täglicher Futter*

Gruppe	Anzahl der Tiere	Mast-abschnitt	Dauer Tage	An-fangs-gew. kg	End-ge-wicht kg	Ges.-zu-nahme kg	tägl. Zu-nahme g	Aufnahme	
								Gerste	Hafer
I	8	Anfangsmast	43,3	25,1	50,0	24,9	575	701	139
100 g Fisch-		Mittelmast	31,8	50,0	70,0	20,0	629	893	446
mehl		Endmast	58,8	70,0	109,4	39,4	670	817	817
		Gesamtmast	133,8	25,1	109,4	84,3	630	789	506
II	7	Anfangsmast	46,0	25,1	50,0	24,9	541	729	148
25 g Fisch-		Mittelmast	31,7	50,0	70,0	20,0	631	885	443
mehl		Endmast	60,7	70,0	109,1	39,1	644	840	840
		Gesamtmast	138,4	25,1	109,1	84,0	607	809	513
III	8	Anfangsmast	37,0	26,6	50,0	23,4	632	799	160
25 g Fisch-		Mittelmast	30,4	50,0	70,0	20,0	658	912	456
mehl		Endmast	61,8	70,0	109,9	39,9	646	810	810
+ ABS		Gesamtmast	129,1	26,6	109,9	83,3	645	824	536
IV	8	Anfangsmast	42,0	25,1	50,0	24,9	593	753	151
ohne Fisch-		Mittelmast	31,0	50,0	70,0	20,0	645	862	431
mehl		Endmast	61,8	70,0	108,1	38,1	617	792	792
		Gesamtmast	134,8	25,1	108,1	83,0	616	792	506
V	7	Anfangsmast	42,4	25,6	50,0	24,4	575	758	152
ohne Fisch-		Mittelmast	28,4	50,0	70,0	20,0	704	929	465
mehl		Endmast	58,3	70,0	109,9	39,9	684	848	848
+ ABS		Gesamtmast	129,1	25,6	109,9	84,3	653	832	532

verzehr und Futterverwertung eines Durchschnittstieres

je Tag in g an								Zur Erzeugung von 100 kg Zuwachs waren erforderlich kg	
Roggen	Tapioka-mehl	Fisch-mehl	Soja-schrot	Min. st. mischung	Gesamt-futter	v. E.	Gesamt-nährst.	v. E.	Gesamt-nährstoff
277	277	100	155	10	1659	200	1209	34,8	210
446	446	100	135	10	2476	248	1802	39,4	286
545	545	100	110	10	2944	277	2132	41,3	318
433	433	100	130	10	2402	244	1743	38,7	277
295	295	25	260	20	1780	205	1285	37,9	238
443	443	25	230	20	2487	244	1805	38,7	286
560	560	25	195	20	3042	274	2195	42,5	341
441	441	25	225	20	2465	243	1789	40,0	295
319	319	25	260	20	1900	213	1380	33,7	218
456	456	25	230	20	2557	248	1853	37,7	282
540	540	25	195	20	2939	268	2122	41,5	328
453	453	25	222	20	2533	246	1832	38,1	284
301	301	—	295	25	1827	207	1321	34,9	223
431	431	—	265	25	2446	241	1768	37,4	274
528	528	—	225	25	2920	262	2081	42,5	337
433	433	—	256	25	2445	239	1765	38,8	287
306	306	—	295	25	1837	208	1333	36,2	232
465	465	—	265	25	2614	251	1893	35,7	269
579	579	—	225	25	3076	276	2240	40,4	327
455	455	—	257	25	2555	247	1847	37,8	283

In den Gruppen IV und V, in denen kein Fischmehl und damit kein Eiweiß tierischer Herkunft verfüttert wurde, sondern das Eiweißbeifutter ausschließlich aus extrahiertem Sojaschrot bestand, erbrachte die Zulage von ABS in V mit täglich 37 g die gleiche Erhöhung der täglichen Durchschnittszunahme wie im Vergleich von III zu II. Da die Tiere der Gruppe V jedoch im Durchschnitt einen etwas höheren Verzehr an Gesamtnährstoff aufwiesen, lag die Verwertungszahl mit 283 im Vergleich zu 287 in IV praktisch in etwa gleicher Höhe. Immerhin war auch hier eine Tendenz zur Verbesserung der Futterverwertung erkennbar.

Zu bemerken wäre für die Gruppe V, daß hier im Gegensatz zu III die Steigerung der Gewichtszunahme nicht in die Anfangsmast fiel, sondern sich auf den Mittelabschnitt von 50–70 kg und auf den Endmastabschnitt von 70–110 kg erstreckte.

Die bei einem Mastendgewicht von rund 110 kg durchgeführte Ausschlachtung aller Versuchstiere erbrachte für die Merkmale, auf die sich die Untersuchungen bezogen, die in Übersicht 8 dargelegten Werte.

Übersicht 8. *Mittlere Ausschlachtungsergebnisse*

Gruppe	n	Lebendgew. kg	Schlachtgew. (warm) kg	Schlachtverl. (warm) %	Kühlverlust %	Schlacht-länge cm	Rücken-speckdicke cm	Flomen kg	Lenden-muskel cm	Rücken-muskelfläche cm^2	Verhältnis Fleisch : Fett 1 :
I	8	109,9	90,2	17,9	2,5	92,9	4,5	2,8	6,8	34,8	1,25
II	7	109,4	88,8	18,8	2,5	93,4	4,5	2,8	6,8	31,7	1,33
III (+ABS)	8	111,6	90,6	18,8	2,3	93,6	4,3	2,8	7,1	33,7	1,23
IV	7	112,8	91,6	18,8	2,5	94,5	4,3	2,8	6,9	32,5	1,32
V (+ABS)	7	110,6	91,1	17,6	2,1	94,1	4,2	3,1	7,1	34,6	1,24

Wenn auch die Schwankungen innerhalb der Gruppen nicht unerheblich waren, so läßt sich doch aus den vorliegenden Durchschnittswerten eine gewisse Tendenz ableiten. Während der Schlachtverlust für die vergleichbaren Gruppen II und III mit 18,8% keinen Unterschied aufwies, war er in Gruppe V mit ABS bei 17,6% um 1,2% niedriger als der Schlachtverlust der Tiere der Gruppe IV ohne ABS. In allen Gruppen waren die Werte für die Dicke des Rückenspeckes und für das Flomengewicht fast gleich, doch ergab sich bei den Tieren mit ABS (Gruppen III und V) sowohl ein etwas stärkerer Lendenmuskel als auch eine größere Rückenmuskelfläche. Auch aus den Werten für das Verhältnis von Fleisch und Fett, die, wie oben erläutert, errechnet wurden, ergab sich für das Durchschnittstier der Gruppen bei III und V ein Wert zugunsten des Fleisches.

Im Gegensatz zu dem Ergebnis bei der Kartoffelmast läßt sich sowohl aus der Gewichtszunahme und der Futterverwertung als auch aus den Werten der

Ausschlachtung ableiten, daß *bei der Getreidemast junger Schweine die Ergänzung des Eiweißfutters pflanzlicher Herkunft durch Alphaaminobuttersäure mit einer Steigerung um 6% einen günstigen Einfluß auf die Gewichtszunahme ausgeübt hat.* Dies traf in gleicher Weise zu sowohl für eine Fütterung mit einem geringen Anteil von 25 g Fischmehl je Tier und Tag als auch für eine solche ohne jegliches Eiweißfutter tierischer Herkunft. Da eine gewisse Auswirkung auf die Fleischbildung erkennbar war, ist eine Verbesserung der biologischen Wertigkeit des Eiweißes der Gesamtration der Schweine zu vermuten.

Zusammenfassung

In zwei Fütterungsversuchen mit insgesamt 75 Schweinen zu je 6 und 5 Gruppen wurde der Einfluß von Alphaaminobuttersäure (ABS) auf die Gewichtsentwicklung, die Futterverwertung und die Zusammensetzung des Schlachtkörpers untersucht. Die Zulage von ABS erfolgte unter Ausgleich von Mineralstoff- und Vitamingehalt sowohl bei Kartoffelmast als auch bei Getreidemast neben unterschiedlichen Gaben an tierischem und bei ausschließlich pflanzlichem Eiweiß. Während bei der Kartoffelmast keine Auswirkungen zu erkennen waren, wurde in der Getreidemast die Gewichtszunahme um 6% erhöht bei leichter Verbesserung der Futterverwertung und einem gewissen Einfluß auf die Fleischbildung.

Literaturverzeichnis

[1] WITT, M., und J. SCHRÖDER: „Über die biologische Aufwertung von pflanzlichem Eiweiß mit Hilfe von Alphaaminobuttersäure in der Getreidemast bei Schweinen." Arch. für Tierern. **10**, 83—98, 1960.

Eingegangen am 25. 11. 1960

Aus dem Veterinär-Physiologischen Institut der Karl-Marx-Universität Leipzig
(ehem. Direktor: Prof. em. Dr. med. vet. M. SCHIEBLICH)

H. EICHEL und *I. WETZEL*

Der Einfluß von Procain-Penicillin-Futterkonzentrat auf Gewichtszunahme und Dickdarmflora von Jungtauben

Schon seit Jahren werden dem Futter unserer Haustiere Antibiotica beigegeben, um die Wirtschaftlichkeit der Fütterung zu erhöhen. Dabei wurde bei Hühnern eine Wachstumssteigerung von 10–25% erreicht. Bezüglich der auf diesem Gebiete bis 1957 erschienenen Literatur sei auf eine Monographie von SCHÖNHERR [14] verwiesen, die eine umfassende Darstellung der physiologischen Wirkungen der Antibiotica bei den verschiedenen Haustieren gibt und alle zugänglichen Arbeiten berücksichtigt. Allerdings enthält die Monographie keine Angaben über die Taube. Auch bei der Durchsicht des neuen Schrifttums fällt auf, daß Untersuchungen über Antibioticabeifütterung bei Tauben nicht vorliegen. Lediglich eine Bemerkung von HORST [6] weist darauf hin, daß neuerdings bei Tauben antibiotische Futtermittel angewendet worden sein sollen, worüber aber noch keine klaren Ergebnisse vorliegen. Auf Grund dieser spärlichen Hinweise entschlossen wir uns, die Taube als Untersuchungsobjekt zu benutzen.

In eigenen Versuchen wurde ein Futtermittelkonzentrat des Serumwerkes Bernburg, in dem Procain-Penicillin enthalten ist, in verschiedenen Dosierungen über einen bestimmten Zeitraum hin an Jungtauben verfüttert.

Die durchgeführten Untersuchungen sollten nachstehende Fragen klären:

1. Zeigt das Futtermittelkonzentrat bei Jungtieren eine nutritive Wirkung?

2. Kommt es nach Verfütterung des Präparates zu einer Veränderung der Dickdarmflora der Jungtauben?

3. Sind nach seiner Verfütterung an inneren Organen Erscheinungen zu beobachten, die auf toxischer Wirkung beruhen?

Methodik

Biologischer Teil

Zu den Versuchen wurden 16 Feldflüchterpaare in einem Taubenschlag mit Voliere gehalten. Die Fütterung der Tiere erfolgte aus Futterautomaten, die eine Mischung, bestehend aus Erbsen, Weizen, Gerste und Wicken, enthielten. Zusätzlich wurden täglich Grit, Eierschalen und grüner Salat gefüttert. Für den Trinkwasserbedarf waren Selbsttränken aufgestellt.

Um den Tieren die Möglichkeit zum Baden zu geben, wurde wöchentlich ein Badebecken (50 × 60 cm) in den Schlag gebracht. Als Einstreu dienten Hobelspäne.

Die Eiablage der Tauben erfolgte in Preßstoffbrutschüsseln, in denen sich kurzgeschnittenes Stroh befand.

8 Tage nach dem Schlüpfen der Jungen begannen die eigentlichen experimentellen Untersuchungen. Dieser Zeitpunkt wurde gewählt, da nach Angaben der Literatur [14] die besten Zunahmen beim Geflügel schon Ende der ersten und zweiten Lebenswoche liegen. Nach Angaben des Werkes kann das Präparat von der ersten Woche an dem Geflügel gegeben werden. Die Zufütterung an die Jungtauben erfolgte daher erstmalig 8 Tage nach dem Schlüpfen.

Das verwendete Penicillin-Futterkonzentrat-Bernburg (Pe-Fu-Ko) enthält nach Angaben des Herstellers in 100 g 0.07 g Procain-Penicillin; 0,098 g Ol. ped. Tauri hydric.; 49,832 g Calcium carbonic.; 50,0 g Nährhefe. Nach Vorschrift des Werkes Bernburg sollen davon an Küken und Junggeflügel zur Mast 15 g auf 1000 g Mischfutter gegeben werden. Diese Menge entspricht 10,5 g Antibioticum/t Futter und liegt im Bereich der für Geflügel in der Literatur angegebenen Normen [14].

Um die entsprechende, pro Taube und Tag zu verabreichende Menge des Konzentrates berechnen zu können, wurde im Vorversuch festgestellt, wieviel die Tauben täglich von dem gebotenen Körnerfutter aufnehmen. Es ergab sich, daß 12 erwachsene Tauben täglich ca. 300 g verzehren.

Weil die Höhe der Pe-Fu-Ko-Beimischung auf den Futterverbrauch erwachsener Tiere bezogen werden mußte und damit für die zu fütternden Jungtauben etwas größer war als vom Werk empfohlen, wurden folgende Versuchsgruppen gebildet:

1. 15 g Pe-Fu-Ko-Zusatz pro kg Futter
2. 7,5 g Pe-Fu-Ko-Zusatz pro kg Futter
3. Kontrollgruppe

Jede Versuchsgruppe bestand aus 10 Gelegen mit je 2 Tauben, so daß jeweils 20 Jungtauben die gleiche Pe-Fu-Ko-Beimischung erhielten.

Das Futterkonzentrat wurde mit Mehl und Wasser verknetet und als längliche Pille den Jungtauben jeden Morgen zwangsgefüttert. Die Kontrolltiere erhielten ebenfalls eine Pille, aber ohne Zusatz, damit die durch das Stopfen hervorgerufene Beunruhigung der Jungtauben bei allen Gruppen gleichmäßig war. Der Pe-Fu-Ko-Zusatz bei den Gruppen 1 und 2 wurde auf 300 g Futter bezogen, die Futtermenge, die 12 Tauben täglich verzehren. Alle 3 Pillenmassen erhielten denselben Wasserzusatz. Der Ausgleich der Gewichtsdifferenz erfolgte durch Weizenmehl.

Für jeweils 12 Tauben berechnet, setzte sich die Pillenmischung wie folgt zusammen:

	Gruppe 1	Gruppe 2	Gruppe 3
Pe-Fu-Ko-Konzentrat	4,5 g	2,25 g	—
Weizenmehl	4,5 g	6,75 g	9,0 g
Aqua dest.	3,0 g	3,0 g	3,0 g
insgesamt	12,0 g	12,0 g	12,0 g

Jede der 3 Mischungen wurde gründlich durchgeknetet und davon Pillen auf 1 g abgewogen. Die wochentags verabreichten Pillen waren frisch hergestellt, sonntags wurden einen Tag gelagerte verfüttert.

Gleichzeitig mit Beginn der Pe-Fu-Ko-Beifütterung wurden die Tiere zum ersten Male gewogen und in 8 tägigem Abstand der Gewichtsverlauf kontrolliert, bis die Tauben im Alter von 5 Wochen schlachtreif waren. Am Ende des Versuches wurden sie nochmals lebend gewogen, dann getötet, das Lebendfrischgewicht festgestellt und der Dickdarm für die bakteriologischen Untersuchungen entnommen. Weiterhin erfolgte eine histologische Kontrolle der Leber. Um die Einheitlichkeit des untersuchten Tiermaterials zu prüfen, wurde zusätzlich noch eine Kontrolle der restlichen Darmabschnitte auf Darmschmarotzer durchgeführt.

Bakteriologischer Teil

Aus jeder Versuchsgruppe wurde von 12 Tauben der Darminhalt bakteriologisch untersucht. Dabei erstreckten sich die mikrobiologischen Untersuchungen lediglich auf den Enddarm, da der größte Teil des Darmes für parasitologische vorgesehen war.

Das Intestinum wurde unter sterilen Kautelen entnommen und unter einem sterilen Glaskäfig, im Schutze des Bunsenbrenners, der Inhalt des Enddarmes in die Wägegläschen gedrückt.

Die Einwaage betrug 0,2 g.

Das Anlegen der Verdünnungsreihen erfolgte in der üblichen Weise.

Für die selektive Züchtung der verschiedenen Keimgruppen benutzten wir folgende Nährböden:

Gesamtzahl der aeroben Keime

Krautagar, Bebrütungsdauer 24 Stunden bei 37°, anschließend 24 Stunden bei Zimmertemperatur

Laktobazillen

Tomatensaftmedium nach KULP und WHITE[8] mit 0,4% Sorbinsäure[4]. Die Bebrütung erfolgte 72 Stunden unter anaeroben Verhältnissen bei 37°.

Enterokokken

Natriumacidagar nach HAJNA und PERRY[5], Bebrütungsdauer 48 Stunden bei 45°.

Coli und coliforme Keime

Natriumdesoxycholatagar nach LEIFSON, 18 Stunden bei 37°.

Anaerobe Keime

Traubenzuckeragar, Bebrütungsdauer 72 Stunden bei 37°. Zur Bestimmung der isolierten Stämme wurden folgende Merkmale herangezogen:

Gramfärbung, Beweglichkeit, Oberflächenhäutchen auf Bouillon, Wachstum auf Schrägagar und Kartoffel, Gelatineverflüssigung, Hämolyse, Nitratreduktion, Indolbildung, Methylrotprobe, Voges-Proskauer-Reaktion, Katalaseprobe und Milchgerinnung. Im einzelnen wurden nachstehende Nährböden benutzt: Hammelblutagar mit und ohne Traubenzucker; Kaliumtelluritagar nach SCHROER und BIERKOWSKI mit einem Gehalt an Kalium tellurosum von 1 : 1000, 1 : 2500 und 1:4000 als Wachstumsplatte besonders für die Enterokokken; Inulin-Benzidin-, Lactose-, Dextrose- und Sorbitplatte nach HACKENTHAL und BIERKOWSKI; bunte Reihe, bestehend aus Nutroselösung mit Dextrose, Lactose, Saccharose, Adonit, Salizin, Rhamnose, Arabinose, Sorbit, Inulin, Dulcit, Xylose, Galaktose; Trypsinbouillon zum Indolnachweis mit dem Reagens nach KOVACS; Nitratbouillon; Traubenzuckerbouillon mit Essigsäure (pH 4,5) zur Abtrennung der Laktobazillen; Magermilch; gewöhnliche Nährbouillon; Nährbouillon mit 6,5% NaCl-Gehalt; Peptonwasser.

Die systematische Einstufung der isolierten Bakterienstämme erfolgte nach BERGEY[1], MEYN[10] und bestimmter Gruppen nach LEHMANN und NEUMANN[9]. Die Streptokokken wurden nach SEELEMANN[12] differenziert. Insgesamt wurden 1527 isolierte Stämme identifiziert.

Um ein möglichst übersichtliches Bild über das quantitative Vorkommen der einzelnen isolierten Arten in der Gesamtheit der Mikroflora zu erhalten, wurde der ungefähre Anteil jeder Art in Prozenten berechnet. Dieser Berechnung mußte das erstmalige Auftreten der betreffenden Keimart auf den Plattenserien, und zwar von der größten zur kleinsten Verdünnung fortschreitend, zugrunde gelegt werden. Infolge der auftretenden Schwankung in der Kolonienzahl der verschiedenen Keimarten auf einer Platte stellen diese Prozentzahlen keine absoluten Werte dar.

Ergebnisse

Biologisch

Die im Verlauf einer 5 wöchigen Pe-Fu-Ko-Beifütterung erzielten Gewichtsveränderungen sowie die der Kontrollgruppe sind in Tab. 1 zusammengefaßt. Es wurden jeweils die Mittelwerte aus den Gewichten der 20 Jungtauben berechnet. Die durchschnittlichen Zunahmen sind aus Abb. 1 zu ersehen.

Tabelle 1

	1. Woche	2. Woche	3. Woche	4. Woche	5. Woche
1. Gruppe 15 g/kg	111	190	278	321	336
2. Gruppe 7,5 g/kg	119	230	301	354	374
3. Gruppe Kontrolle	106	199	277	322	331

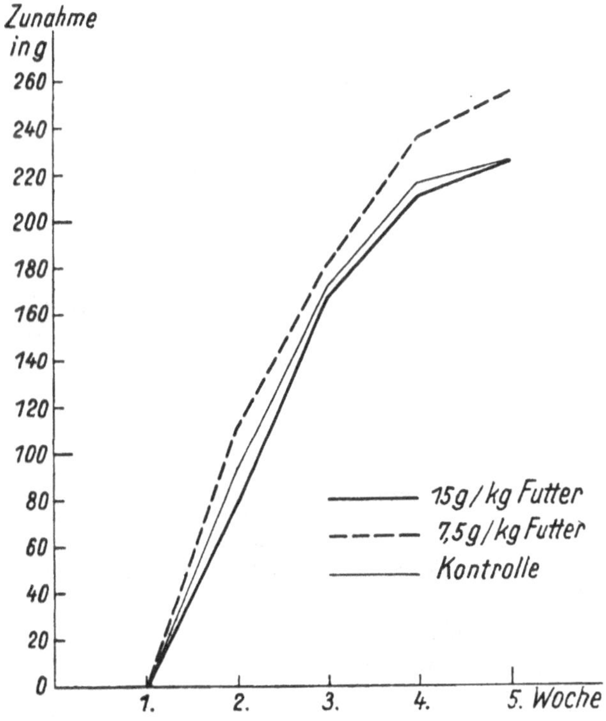

Abb. 1

Eine Beurteilung des Materials mit Varianzanalyse ergab zwischen den 3 Gruppen bei den Gewichten im Alter von einer Woche, also bei Beginn der Zufütterung, keine statistisch echten Unterschiede. Nach 2 Wochen ist die bessere Zunahme der 2. Gruppe gegenüber der ersten gesichert und am Ende des Versuchs sind die Zunahmen der Tauben mit 7,5 Pe-Fu-Ko-Beifütterung/kg signifikant höher als die der beiden anderen Gruppen.

Mikrobiologisch

Gesamtzahl der aeroben Keime

Bei den Kontrolltieren waren durchschnittlich $4,2 \times 10^8$ aerobe Keime pro Gramm Darminhalt im Enddarm vorhanden. Die Extremwerte schwankten etwa um 2 Dezimalstellen. Nach Verfütterung von Pe-Fu-Ko in den Dosierungen 7,5 g/kg und 15 g/kg zeigen die Gesamtkeimzahlen eine fallende Tendenz, liegen jedoch immer noch im Bereiche der Kontrollen.

E. coli und verwandte Arten

E. coli und verwandte Arten ließen sich in Konzentrationen von $3,6 \times 10^6$ im Dickdarm der Kontrolltiere nachweisen. Im Gegensatz zu den Gesamtkeimzahlen aerober Keime kam es nach Beifütterung von 15 g Pe-Fu-Ko pro kg Futter zu einer Erhöhung der Keimzahlen ($6,1 \times 10^7$). Die für Gruppe 2 (7,5 g/kg Futter) ermittelten Keimzahlen liegen in Höhe der Kontrollen.

Enterokokken

Die an den Kontrolltieren gewonnenen Zahlen der Enterokokken liegen etwas über denen von E. coli ($9,4 \times 10^7$). Die niedrigste verfütterte Dosis des Präparates brachte einen kaum merklichen Anstieg der Enterokokken ($1,4 \times 10^8$). Nach Beifütterung der hohen Konzentration war eine fallende Tendenz der Keimzahlen zu verzeichnen.

Laktobazillen

Laktobazillen sind bei Jungtauben im Gegensatz zu unseren Haustieren in geringer Anzahl ($0,4 \times 10^6$ vorhanden, jedoch kam es bei Verabreichung des Präparates zu einem Anstieg der Laktobazillenzahlen ($5,3 \times 10^6$), wobei bei einer Dosis von 7,5 g/kg Futter die stärksten Impulse zu verzeichnen waren.

Obligate Anaerobier

Die Untersuchung auf obligate Anaerobier verlief bei allen Tieren negativ.

Das Fehlen obligater Anaerobier bei der Haustaube hatten bereits SCHEUNERT und SCHIEBLICH [13] festgestellt. Diese Tatsache konnte somit von uns bestätigt werden.

Die Bestimmung der isolierten Stämme ergab das Vorhandensein folgender Arten im Dickdarm der Jungtaube:

E. coli var. neapolitana, E. coli var. acidilactici, E. coli, E. coli var. communior, E. freundii, Bact. Zopfii, Sc. faecium, Sc. thermophilus, Sc. bovis, Sc.

glycerinaceus, Sc. liquifaciens, Bac. mesentericus vulgatus, Micr. albus, Micr. candicans, Hefen und Lactobacillus.

Bei der Ermittlung des prozentualen Anteils der einzelnen Arten an der Gesamtflora zeichnet sich folgendes Bild ab (Tab. 2):

Tabelle 2. *Durchschnittswerte der einzelnen Arten, die bei mindestens 50% der Tiere anzutreffen waren, in Prozenten*

Stamm	Kontrolle	7,5 g/kg Futter	15 g/kg Futter
Hefen	26	—	—
Sc. faecium	16	25,8	15
E. coli	11	9,2	30
Sc. glycerinaceus	10	2,5	0,7
E. coli var. neapolitana	6	8,4	20
E. coli var. acidilactici	7	3,3	—
E. coli var. communior	4,6	14,5	13
Laktobazillen	1,24	4,7	1,5

Bei den Kontrolltieren sind die Hefen am stärksten vertreten. Ihnen folgen Sc. faecium, E. coli, Sc. glycerinaceus, E. c. var. acidilactiei, E. e. var, neapolitana, E. c. var. communior und Laktobazillen.

Nach Zugabe von Pe-Fu-Ko ist als auffälligstes Merkmal eine Abnahme der Hefen zu verzeichnen, die lediglich bei 2 von insgesamt 12 untersuchten Tauben in geringer Anzahl noch vorhanden waren. Desgleichen erfolgt nach Verfütterung des Präparates eine Unterdrückung der Arten Sc. glycerinaceus und E. c. var. acidilactici, während Sc. faecium, E. c. var. neapolitana, E. c. var. communior und Laktobazillen vermehrt anzutreffen sind. Eine Steigerung der Dosierung (15 g/kg Futter) führte zu einem weiteren prozentualen Anstieg von E. c. var. neapolitana und E. coli. Gleichzeitig vermindern sich jedoch die Arten Sc. glycerinaceus und E. c. var. acidilactici immer mehr. Eine fallende Tendenz ist auch bei Sc. faecium und den Laktobazillen festzustellen, deren Werte nach 15 g Pe-Fu-Ko-Beifütterung pro kg Futter wieder bis zu denen der Kontrollen absinken.

Alle übrigen von uns bestimmten Arten waren nur in geringer Anzahl und bei wenigen Tieren zu finden, haben also keinen entscheidenden Einfluß auf das Gesamtbild der Mikroflora.

Die durchgeführten histologischen Untersuchungen der Leber ließen keine toxischen Einflüsse nach Beifütterung des Präparates erkennen.

Bei den zusätzlich durchgeführten parasitologischen Untersuchungen des Magendarmkanals ließen sich häufig Coccidienoocysten nachweisen. Dabei zeigte sich, daß der Befall in der Gruppe 2 (7,5 g/kg Futter) viel geringer war als der der beiden anderen Gruppen. Einen Überblick über die Stärke des Befalls bei den einzelnen Gruppen gibt die Tab. 3.

Tabelle 3. *Parasitologische Untersuchung*

Nr.	15 g Pe-Fu-Ko/kg Futter		7,5 g Po-Fu-Ko/kg Futter		Kontrolle	
	Spulwürmer	Coccidienoocysten	Spulwürmer	Coccidienoocysten	Spulwürmer	Coccidienoocysten
1	1	vereinzelte	—	ganz vereinzelte	—	vereinzelte
2	—	"	—	—	—	"
3	—	"	—	vereinzelte	—	"
4	—	"	—	—	—	"
5	—	"	—	—	—	"
6	—	"	—	—	=	—
7	—	"	—	ganz vereinzelte	—	vereinzelte
8	—	"	—	"	—	"
9	—	"	—	—	—	"
10	—	mäßige Mengen	—	—	—	"
11	—	vereinzelte	—	—	—	"
12	—	"	—	—	—	"
13	—	mäßige Mengen	—	—	—	wenige
14	—	vereinzelte	—	—	—	zahlreiche
15	—	ganz vereinzelte	—	—	—	vereinzelte
16	—	"	—	ganz vereinzelte	—	"
17	—	—	—	—	—	"
18	—	—	—	—	—	"
19	—	—	—	—	—	"
20	—	—	—	—	—	"

Diskussion

Die Pe-Fu-Ko-Beifütterung brachte in einer Dosierung von 7,5 g/kg Futter eine Wachstumssteigerung um ca. 13%. Diese Steigerung deckt sich somit mit den Angaben des Schrifttums, wonach beim Geflügel nach Antibiotikabeifütterung Mehrzunahmen von 10–25% erzielt wurden. Die parasitologischen Untersuchungen zeigen, daß gerade bei dieser Dosierung der Parasitenbefall ganz gering ist. Es ist deshalb anzunehmen, daß durch diesen Faktor das Wachstum mit begünstigt worden ist, zumal die Endgewichte und die Zunahmen der Gruppe mit 15 g Pe-Fu-Ko-Beifütterung sich kaum von denen der Kontrolle unterscheiden (vgl. Tab. 1).

Die Mikroflora des Enddarmes der Jungtauben wird charakterisiert durch das Überwiegen grampositiver Kokken. Die Laktobazillen, die bei unseren Haustieren und beim Menschen dominieren, treten bei den Jungtauben hinsichtlich ihres prozentualen Anteiles an der Gesamtflora weit zurück. Ob sich die an 12 Tieren gewonnenen Werte für Laktobazillen verallgemeinern lassen, ist bei der Variabilität der Darmflora nicht zu entscheiden. Außerdem fehlen Untersuchungen bei dieser Tierart fast gänzlich, so daß ein Vergleich der Ergebnisse nicht möglich ist. Bezüglich des Bact. coli und seiner Varianten können die Ergebnisse von SCHEUNERT und SCHIEBLICH [13] und KERN [7], nach denen Bact. coli bei Tauben entweder völlig fehlt oder zumindest eine untergeordnete Rolle spielt, in unseren Untersuchungen an Jungtauben nicht voll bestätigt werden. Auf Grund der Tatsache, daß Bact. coli bei allen Kontrolltieren zu einem beachtlichen Prozentsatz anzutreffen war, möchten wir es für den Dickdarm der Jungtaube als obligat bezeichnen.

Völlige Übereinstimmung mit den Ergebnissen von SCHEUNERT und SCHIEBLICH wurde bei der Untersuchung auf obligate Anaerobier erzielt. Bei keiner der untersuchten Tauben ließen sich im Dickdarm obligate Anaerobier nachweisen. Die Ausbildung einer typischen Fäulnisflora erscheint also bei der Jungtaube so gut wie ausgeschlossen.

Die von uns nach Pe-Fu-Ko-Beifütterung erzielte Vermehrung der coliformen Keime stimmt mit den Resultaten überein, die ROMOSER, SHORB und COMBS [11] als auch COOK, BLAKELEY, McGREGOR und ANDERSSON [2, 3] nach Procain-Penicillin-Beifütterung an Küken und Truthühnern erzielten. Eine gleichzeitige Reduktion der Laktobazillen war jedoch bei unseren Tieren nicht vorhanden.

Zusammenfassung

Jungtauben wurden 5 Wochen lang mit unterschiedlicher Pe-Fu-Ko-Beimischung gefüttert. Bei der Gewichtskontrolle zeigten die Tiere, die 7,5 g/kg Futter erhielten, sowohl gegenüber der Kontrollgruppe als auch im Vergleich zur hohen Dosierung (15 g/kg Futter) am Ende des Versuches eine signifikant höhere Zunahme. Ein geringerer Darmparasitenbefall dieser Gruppe muß allerdings bei der Bewertung des Ergebnisses mit berücksichtigt werden. Die mit Hilfe von Differenzierungsnährböden an Dickdarminhalt durchgeführten Keimzahlbestimmungen für die Gesamtzahl aerober Keime, Laktobazillen, Enterokokken, E. coli und coliforme Keime sowie obligate Anaerobier ergaben, außer bei den Gesamtkeimzahlen der aeroben Keime, nur geringe Schwankungen. Obligate Anaerobier wurden bei keinem der untersuchten Tiere gefunden. Nach Beifütterung des Präparates war vor allem eine Abnahme der Hefen zu verzeichnen. Die Arten Sc. glycerinaceus und E. coli var. acidilactici zeigten ebenfalls eine fallende Tendenz, während die prozentualen Anteile von E. coli, E. c. var. neapolitana und E. c. var. communior wesentlich vermehrt wurden. Die Laktobazillen wurde durch das Präparat nicht beeinflußt.

Es ist uns eine angenehme Pflicht, dem Parasitologischen Institut und dem Pathologischen Institut der Veteriärmedizinischen Fakultät für die im Rahmen dieser Arbeit durchgeführten Untersuchungen an dieser Stelle unseren herzlichsten Dank auszusprechen.

Literaturverzeichnis

[1] BERGEY: Manual of Determinative Bacteriology. London 1948, 6. Aufl.

[2] COOK, F. D.; BLAKELEY, R. M.; McGREGOR, H. D. und ANDERSSON, R. W.: The influence of procain penicillin on microflora in various intestinal loci of the turkey poult. Poultry Sci. **31**, 912 (1952).

[3] COOK, F. D.; BLAKELEY, R. M.; McGREGOR, H. D. und ANDERSSON, R. W.: The effect of antibiotics on the intestinal microflora of turkey poults. Poultry Sci. **33**, 38 (1954).

[4] HAENEL, H. und MÜLLER-BEUTHOW, W.: Zbl. f. Bakt. I. Orig. **167**, 123 (1956).

[5] HAJNA und PERRY: Am. J. Publ. Health **33**, 550 (1943), zit. nach Difco-Manual.

[6] HORST, E.: Wie füttere ich meine Tauben? Das Reich der Landfrau **11** (1956).

[7] KERN: Beitrag zur Kenntnis der im Darm und Magen der Vögel vorkommenden Bakterien. Arb. d. Bakt. Inst. d. Techn. Hochsch. Karlsruhe **1** (1897).

[8] KULP und WHITE: Science **76**, *17* (1932), zit. nach Difco-Manual.

[9] LEHMANN, K. B. und NEUMANN, R. O.: Bakteriologische Diagnostik. München 1927, 7. Aufl.

[10] MEYN: Bestimmungsschlüssel für die Gattungszugehörigkeit von Bakterien. Stuttgart 1952.

[11] ROMOSER, G. L.; SHORB, M. S. und COMBS, G. F.: Studies on mechanism of antibiotics in chick growth. Poultry Sci. **31**, 932 (1956).

[12] SEELEMANN, M.: Biologie der Streptokokken. Nürnberg 1954, 2. Aufl.

[13] SCHEUNERT und SCHIEBLICH: Über die Magendarmflora der Haustaube. Zbl. f. Bakt. I. Orig. **88**, 122—27 (1922).

[14] SCHÖNHERR, W.: Die physiologischen Wirkungen der Antibiotika bei den verschiedenen Tierarten. Beih. z. Arch. f. Tierernährung H. 7 (1957).

Eingegangen am 28. 11. 1960

Aus dem Institut für Tierzucht und Tierfütterung der Universität Bonn
(Direktor: Prof. Dr. H. HAVERMANN)

W. HARTFIEL

Zur Bewertung von Futtermitteln im Tierversuch mit Hühnern *)

1. Mitteilung

Über den Aufbau einer Stoffwechselbatterie sowie die Konservierung und chemische Untersuchung der Exkremente

Einleitung

Bei der Fütterung landwirtschaftlicher Nutztiere ist es unbedingt notwendig, mit den verabfolgten Futtermengen den Bedarf der Tiere an den verschiedenen Nähr-, Mineral- und Wirkstoffen zu decken, um auf diese Weise den größten Nutzeffekt erzielen zu können.

Voraussetzung für eine solche optimale Fütterung ist auf der einen Seiten die Kenntnis des Bedarfes der Tiere bei den verschiedenen Leistungen und zum anderen das Vorhandensein von Angaben über die Gehalte an den einzelnen Stoffgruppen, die Verdaulichkeit der Nährstoffe und die zum Ansatz kommenden Energiemengen in den Futtermitteln bzw. -mischungen.

Das Problem der Bestimmung des Nährwertes von verschiedenen Futterstoffen ist relativ häufig bearbeitet worden. Vor allem haben sich KELLNER und ARMSBY mit diesen Fragen befaßt. Unabhängig voneinander gelang es ihnen zu Anfang des Jahrhunderts, Bewertungszahlen von Futterstoffen zu erstellen, die einmal Angaben über die Verdaulichkeit und zum anderen Ansatzwerte der Nährstoffe umfassen.

Bei uns in Deutschland – aber auch in anderen europäischen Ländern – hat das Bewertungssystem KELLNERS große Verbreitung gefunden. Die Voraussetzung – die Fettmast ausgewachsener Ochsen – unter der die Ergebnisse KELLNERS entstanden sind und auch heute noch volle Gültigkeit besitzen, ist jedoch bei der praktischen Fütterung unserer landwirtschaftlichen Nutztiere nur selten gegeben. So weisen die Nutzungsrichtungen – zum Beispiel die Fettmast im Vergleich zur Milch-, Fleisch- und Eiproduktion – andere Nettoenergiewerte für die Nähr- bzw. Futterstoffe auf, wie auch die gleichen Nährstoffe von den verschiedenen Nutztierarten unterschiedlich verwertet werden.

KELLNERS und ARMSBYS Arbeiten waren für die damalige Zeit außerordentliche Leistungen. Jedoch sind im Laufe der letzten Jahrzehnte auf dem Gebiet

*) Ausgeführt mit Unterstützung des Ministeriums für Ernährung, Landwirtschaft und Forsten des Landes Nordrhein-Westfalen.

der Ernährungsphysiologie und auch der Analytik Fortschritte erzielt und neue Erkenntnisse gesammelt worden, die es angebracht erscheinen lassen, eine Überprüfung bzw. Neubearbeitung dieser wichtigen Fragen vorzunehmen, zumal es kaum möglich sein wird, die Ergebnisse von Versuchen mit Tieren in der Fettmast auf andere Leistungsrichtungen umzurechnen bzw. die unterschiedlichen Ansatzwerte von Tierart zu Tierart zu korrigieren.

Diese Erkenntnisse machen es notwendig, die vor einem halben Jahrhundert begonnenen Arbeiten durch weitere umfangreiche Untersuchungen zu ergänzen. Insbesondere mangelt es an Angaben bei der Geflügelfütterung, da dieser erst in neuerer Zeit eine steigende Bedeutung zugekommen ist und die Durchführung exakter Versuche mit Vögeln zum Teil recht große Schwierigkeiten bereitet.

Im Rahmen dieser ersten Abhandlung soll jedoch auf die Probleme der Futterbewertung nicht näher eingegangen werden. Vielmehr möchten wir die zur Bestimmung der Verdaulichkeit notwendigen Einrichtungen beschreiben sowie Fragen der Verarbeitung und der chemischen Untersuchung der Exkremente behandeln.

Aufbau der Batterie für Stoffwechseluntersuchungen

Zur Durchführung von Stoffwechseluntersuchungen ist es unbedingt erforderlich, das aufgenommene Futter und die ausgeschiedenen Exkremente quantitativ zu erfassen. Die hierbei auftretenden Schwierigkeiten sind mannigfaltiger Art, insbesondere bei Hühnern im Vergleich zu anderen Nutztieren. Einmal treten eine Anzahl von Problemen bei der Verarbeitung und Untersuchung der Exkremente durch das gemeinsame Ausscheiden von Kot und Harn auf. Zum anderen verstreuen Hühner oft erhebliche Anteile des Futters und erschweren dadurch die Trennung und Bestimmung der Futterreste und der Exkremente. Weiter ist auch die Verunreinigung der Tränkgefäße zu erwähnen, die durch das Abspülen der am Schnabel haftenden Futterreste hervorgerufen wird.

Zur Vermeidung der hierdurch bedingten Fehler, die die Versuchsergebnisse erheblich beeinflussen können, haben wir eine serienmäßig hergestellte Legekäfigbatterie nach den von uns gesammelten Erfahrungen umgebaut.

Um das Ab- und Ausspülen des Schnabels auf ein Minimum zu verringern, ist auf die sonst üblichen Tränkgefäße verzichtet und eine Tropftränke angebaut worden. Mittels eines Wasserhahnes kann für jedes Tier die gewünschte Tropffolge eingestellt werden. Das herabfallende Wasser wird in Trichtern aufgefangen, wie es auf den Bildern 1 und 2 zu sehen ist. Um die bei einigen Tieren trotzdem noch abgespülten Futterbestandteile zu erfassen, ist ein zweiter – am Halsansatz abgeschnittener Trichter aus PVC-Material in den ersteren eingelegt. Zwischen diesen beiden Trichterschalen wird nun ein Nesselstoffeinsatz in Form einer Tütenspitze eingeklemmt, der einmal eine ausreichende Durchlässigkeit für das abtropfende Wasser besitzt, aber auch eine genügende Filterwirkung gegenüber den Futterresten zeigt. Jeden Morgen werden die inneren Trichter mit den Stoffeinsätzen herausgenommen, die noch an den Wänden haftenden Futterteile heruntergespült und die Filter in Porzellanschalen getrocknet. Anschließend kann man die Restbestandteile herauspinseln, wägen bzw. wieder den Tieren zuführen.

Abb. 1

Um das Verstreuen des Futters vor und in den Käfigen zu verhindern bzw. die verstreuten Futtermengen quantitativ erfassen zu können, sind folgende Veränderungen an den Käfigen vorgenommen worden. Zunächst brachten wir unter den Futternäpfen ein herausnehmbares Blech an (Abb. 1, 3 und 4). Zusätzlich wurden noch seitlich vor jedem Käfig Kunststoffolien aufgehängt, die mit ihren Unterkanten in dem oben erwähnten Blech liegen. Hierdurch gelangen die sonst auf den Boden fallenden Futterteilchen auf das Sammelblech, während ein Beobachten der Tiere durch die dünne Folie ohne weiteres möglich bleibt.

Eine Trennung der Futterreste, die nach innen in den Käfig fallen und sich so mit den Exkrementen mischen können, wurde auf die Weise erreicht, daß wir eine Platte an zwei Ösen unter der Sitzstange befestigen und schräg nach vorn in das Futterblech legten (Abb. 3).

Ein ernstes Problem stellt das häufige Umdrehen der Tiere im Käfig dar, weil bei diesen Standänderungen vielfach Exkremente in das Futter gelangen. Ein Versuch, den Innenraum des Käfigs so einzuengen, daß ein Wenden der Tiere verhindert wird, brachte nur zweifelhaften Erfolg. Bei der hierbei notwendigen, extrem engen Wandstellung waren die Tiere nämlich so in ihrer Bewegungsfreiheit gehemmt, daß ihnen ein normales Ruhen kaum noch möglich und ein Leistungsrückgang die Folge war.

Abb. 2

Nach mehreren Fehlschlägen unternahmen wir den Versuch, die Hühner gleich anderen Haustieren anzubinden. Zunächst wurden die Käfige von hinten nach vorn zunehmend etwas verengt. Die Tiere erhielten ein einfaches Lederhalsband mit einer Öse angelegt. Mittels eines dünnen Kunststoffbandes, das an beiden

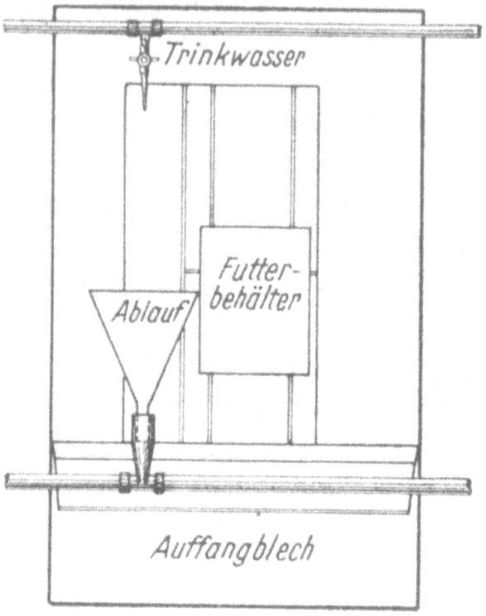

Abb. 3

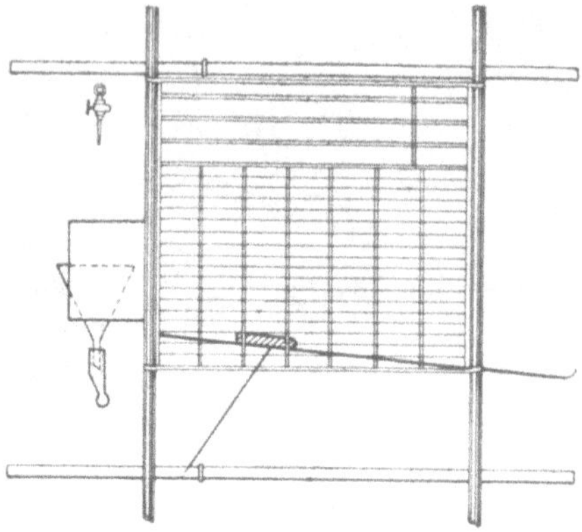

Abb. 4

Enden mit einem Karabinerhaken versehen ist, wurde jedes Huhn an einer Stange der Vorderseite des Käfiggitters angebunden. Es mußte jedoch beachtet werden, daß das Band genügend lang war, um eine ungehinderte Wasser- und Nahrungsaufnahme sowie ein bequemes Sitzen auf der Stange zu gewährleisten (Länge etw 12–14 cm). Zu unserer eigenen Überraschung gewöhnten sich die Tiere in erstaunlich kurzer Zeit an diese Haltungsbedingungen und zeigten keinerlei Veränderungen in ihren Leistungen.

Das serienmäßig mitgelieferte Fußgitter mußte gleichfalls abgeändert werden, da durch die etwas engen Abstände der Längsdrähte und vor allen Dingen die Querverbindungen ein Teil der Exkremente nicht auf die aus Trovidur selbst gefertigte Kotplatte fielen. Aus diesem Grunde ist die Mitte des Sitzgitters herausgeschnitten und durch 3-mm-Messingstäbe ersetzt worden (Abb. 5). Die

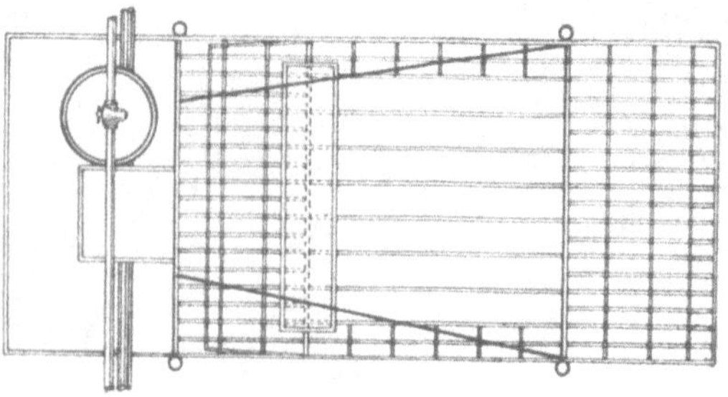

Abb. 5

jetzt an den Stäben noch haftenbleibenden Reste der Exkremente können mit einem Metallstab, der vorn umgebogen und mit einer den Stäben entsprechenden Ausrundung versehen ist, bequem abgeschabt werden.

Konservierung und chemische Untersuchung der Exkremente

Bei den bisher vorliegenden Tierversuchen erfolgte die Konservierung und Verarbeitung der Exkremente fast ausschließlich über eine Trocknung bei 65 °C und anschließende Vermahlung. Von großem Nachteil ist, daß die Trocknung mindestens 24 Stunden andauert und dabei ein Teil des Kohlenstoffs [2] und des Stickstoffs [5] verloren geht. Der von einigen Versuchsanstellern – vor allen Dingen bei Versuchen mit Hühnern – eingeschlagene Weg, die täglich anfallenden Ausscheidungen direkt zu trocknen, vermeidet auch nicht ganz die Verluste. Er erspart zwar die Konservierung, benötigt aber ständig Raum in einem Trockenschrank, der bei der Verwendung einer größeren Anzahl von Tieren sehr erheblich sein kann. Zur Verarbeitung des Kotes über die Trocknung kommt hinzu, daß das anschließende Zerkleinern im Mörser sehr beschwerlich und zeitraubend ist, während beim Vermahlen der Exkremente in einer Mühle die kaum zu verhütende Staubentwicklung sehr unangenehm sein kann. Vor allen Dingen hatten wir bei einigen Versuchen große Schwierigkeiten mit der Zerkleinerung von Getreidespelzen, die sich bei den Analysenergebnissen, insbesondere bei der Rohfaserbestimmung, durch große Streuung der Ergebnisse bemerkbar machten.

Auf Anregung des landwirtchaftlichen Forschungslaboratoriums in Kopenhagen, Prof. Dr. P. JAKOBSON, sind wir zu der *nassen Verarbeitung der Exkremente* übergegangen und haben die nachfolgend beschriebene Methodik erarbeitet. Die täglich anfallenden Ausscheidungen eines jeden Tieres werden in einen 2 l fassenden Kunststoffeimer gebracht, der mit einem Deckel weitgehend dicht abgeschlossen werden kann. Zur Konservierung benutzen wir kein Zusatzmittel, sondern frieren den Kot bei — 18 °C ein. In der kurzen Zeit des Einfüllens der innerhalb einer Versuchsperiode täglich anfallenden Kotmenge tritt kein Auftauen der Masse ein.

Nachdem die Exkremente einer Versuchsperiode in den Gefäßen gesammelt sind, wird der Eimer mit den Ausscheidungen zum schnelleren Auftauen am besten in warmes Wasser gestellt. Das Homogenisieren erfolgt mittels eines Mixgerätes, das sich bei solchen Arbeiten im Labor außerordentlich gut bewährt hat. Dieses Gerät hat den Vorteil, daß es in jedes Gefäß – bis hinunter zu einem 250 ml Becherglas – eingeführt werden kann, sehr gut homogenisiert und vor allen Dingen in kürzester Zeit durch einfaches Abspülen zu reinigen ist. Das Homogenisieren selbst dauert nicht länger als 1–2 Minuten. In den meisten Fällen muß den Exkrementen Wasser zugesetzt werden, damit sich eine breiige Masse bilden kann. Nach dieser Vorbereitung kann die Substanz mit einem Löffel für die einzelnen Analysen verteilt werden.

Für die verschiedenen Untersuchungen haben sich nun die folgenden Einwaagen und Arbeitsweisen als günstig erwiesen:

a) *Zur Gesamtstickstoffbestimmung* wird zunächst das Gewicht des leeren Kjeldahlkolbens (5 mg Genauigkeit) bestimmt, die Analysensubstanz – etwa 10 g breiiger Kot (1—2 g Trockensubstanz) – mittels eines Löffels in den Kolben gebracht und das Gefäß mit dem Inhalt zurückgewogen. Die im Kolbenhals haftenden Bestandteile müssen gleich nach dem Wägen mit Wasser heruntergespült werden. Nun wird der Aufschluß wie üblich vorgenommen.

b) Die allgemein gebräuchliche *Bestimmung des Rohfettes* in Futtermitteln birgt Fehler und erfaßt nur einen Teil des Fettes. Vergleichende Untersuchungen mit Kälberkot [3] haben ergeben, daß als beste Methode die Extraktion nach vorhergehendem Säureaufschluß anzusehen ist.

Es werden etwa 30 g Substanz in ein 250 oder 400 ml fassendes, vorher gewogenes Becherglas eingewogen. Der Aufschluß wird nach den von NAUMANN [4] berichteten Vorschriften vorgenommen. Bei der Filtration verwenden wir allerdings aus Sicherheitsgründen immer ein Doppelfilter (S. u. S. Nr. 589 [4], ⌀ 15 cm, gefalten).

c) *Zur Rohfaserbestimmung* werden etwa 20 g des Exkrementenbreies in ein 800 ml Becherglas gefüllt, dessen Gewicht wie üblich vorher und nachher bestimmt wird. Um Verdünnungsfehler durch das enthaltende Wasser zu vermeiden, trocknen wir die Probe kurz im Trockenschrank an und führen anschließend die Analyse durch.

d) Die *Wasser- und Aschebestimmung* wird in der bekannten Weise durchgeführt. Jedoch ist eine Gewichtskonstanz erst nach sehr langer Trocknungszeit zu erreichen, da immer geringfügige Substanzmengen entweichen. Um den Fehler konstant zu halten, trocknet man die Probe am besten immer über einen gleichen Zeitraum, beispielsweise 24 Stunden.

e) Für die Trennung von *Kot- und Harn-Stickstoff* zur Bestimmung der Verdaulichkeit des Eiweißes wird gleichfalls eine unbestimmte Substanzmenge in ein Becherglas eingewogen. Über die angewandte Untersuchungsmethodik soll jedoch erst in einer folgenden Arbeit berichtet werden.

Zur Überprüfung des Einflusses der von uns angewandten Gefrier-Konservierung möchte ich noch Ergebnisse von vergleichenden Untersuchungen anführen, die mit den Exkrementen unterschiedlich gefütterter Hühner durchgeführt wurden.

Die Übereinstimmung der in Übersicht 1 und 2 angeführten Analysenergebnisse beweist, daß die Tiefgefrier-Konservierung keinen nachteiligen Einfluß auf den Gehalt der Exkremente und die chemische Erfassung der einzelnen Nährstoffkomponenten ausübt. Die nasse Verarbeitung ist demnach gegenüber der Trocknung der Ausscheidungen mit ihren nachgewiesenen Verlusten an Stickstoff und Kohlenstoff von Vorteil.

Übersicht 1. *Vergleichende Untersuchungen mit frischen und tiefgefrorenen Hühnerexkrementen*

A. Futterart: Legemehl

	frisch % i. d. Trs.			tiefgefroren % i. d. Trs.		
Rohprotein	50,47			50,33		
	50,47	50,45	± 0,03	50,33	50,29	± 0,05
	50,40		m% 0,05	50,20		m% 0,11
Rohfaser	14,00			14,00		
	14,47			13,80		
	14,07	14,15	± 0,11	14,33	14,13	± 0,15
	14,07		m% 0,80	14,40		m% 1,05
Ges. Fett	2,80			2,93		
	2,80			2,87		
	2,80	2,83	± 0,02	2,87	2,89	± 0,02
	2,87		m% 0,70	2,87		m% 0,66

B. Futterart: Alleinfutter

	frisch % i. d. Trs.			tiefgefroren % i d. Trs.		
Rohprotein	43,66			43,71		
	43,81	43,71	± 0,04	43,79	43,79	± 0,04
	43,66		m% 0,09	43,86		m% 0,10
Rohfaser	12,16			12,20		
	12,99	12,64	± 0,28	12,65	12,64	± 0,29
	12,76		m% 2,21	13,17		m% 2,26
Ges. Fett	3,51			3,67		
	3,58	3,53	± 0,03	3,67	3,67	± 0,0
	3,51		m% 0,75	3,67		m% 0,0

Übersicht 2. *Vergleich zwischen frischem und tiefgefrorenem reinen Kot, der direkt dem Darm entnommen war* (Anus praeternaturalis)

	frisch % i. d. Trs.			tiefgefroren % i. d. Trs.		
Gesamtstickstoff	2,55			2,55		
	2,51	2,54	± 0,01	2,54	2,54	± 0,01
	2,55		m% 0,58	2,52		m% 0,35
Kot-Stickstoff best. n. P. EKMAN[1] mit Uranylacetat	2,04			2,07		
	2,10	2,04	± 0,04	2,07	2,03	± 0,05
	1,97		m% 1,88	1,94		m% 2,47

Zusammenfassung

Für die Durchführung von Stoffwechselversuchen ist eine exakte Erfassung der aufgenommenen Futtermenge und der Exkremente Voraussetzung. Da gerade Hühner als Versuchstiere in dieser Hinsicht große Schwierigkeiten bereiten, wurde durch Veränderung einer serienmäßig hergestellten Legekäfigbatterie der Versuch unternommen, Fehlerquellen soweit wie möglich auszuschalten.

Der Umbau erstreckte sich im wesentlichen auf die Tränkvorrichtung, ein zusätzlich angebrachtes Blech zum Auffangen der Futterreste sowie eine Veränderung des Sitzgitters.

Um ein Wenden der Hühner zu verhindern, wurde der Innenraum des Käfigs etwas verengt und die Tiere angebunden.

Im Gegensatz zu den bisher üblichen Verfahren wurden die anfallenden Exkremente nicht getrocknet, sondern nach einer Tiefgefrier-Konservierung während der Versuchsperiode naß verarbeitet.

Bei der Verwendung homogenisierter, breiiger Ausscheidungen sind die Voraussetzungen für die Durchführung der üblichen Analysen etwas verändert. Es sind Einzelheiten über die Einwaage und die Weiterverarbeitung für die Rohprotein-, Rohfaser- und Gesamt-Fett-Bestimmungen angegeben.

Um sicher zu sein, daß durch die Gefrier-Konservierung kein Einfluß auf den Gehalt der Exkremente und die chemische Erfassung der einzelnen Nährstoffkomponenten erfolgt, wurden die Ergebnisse vergleichender Untersuchungen verschiedener Kotproben angeführt.

Literaturverzeichnis

[1] EKMAN, P., EMANUELSON, H. und FRANSSON, A.: Investigations concerning the digestibility of protein in poultry. Ann. Royal Agric. Coll. Sweden, 16, 1949.

[2] GHONEIM, A.: Über den Gesamtstoffwechsel bei Unterernährung und Produktionsfutter. Diss. Zürich, 1929, Seite 133.

[3] HARTFIEL, W.: Stoffwechselversuche mit Kälbern und Probleme bei der Fettbestimmung im anfallenden Kot. Arch. f. Tierernährung 10, 1960, Seite 264.

[4] NAUMANN, K.: Fettbestimmung in Futtermitteln. Kraftfutter 11, 1957, Seite 301.

[5] TSCHERNIAK, A.: Stickstoffverluste beim Trocknen von Geflügelexkrementen. Landw. Jahrbuch d. Schweiz, 1948, Seite 1.

Eingegangen am 7. 2. 1961

FSC
www.fsc.org
MIX
Papier | Fördert
gute Waldnutzung
FSC® C083411

Kolibri 360 GmbH
Ferdinand-Jühlke-Straße 7
99095 Erfurt, Deutschland
produktsicherheit@kolibri360.de